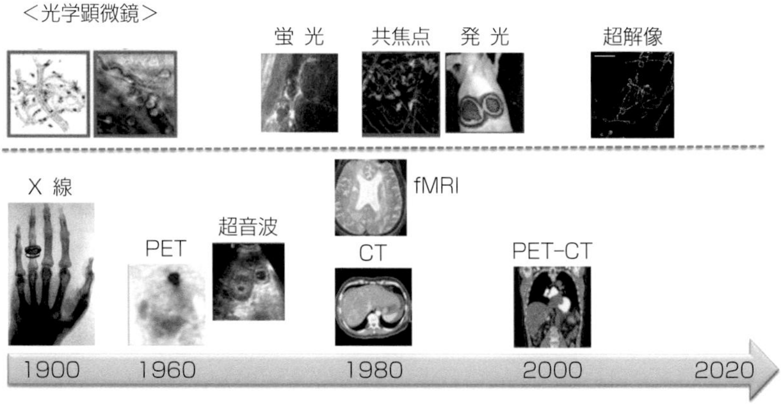

口絵 1 バイオイメージングの歴史と種類

図 1. 2 参照.

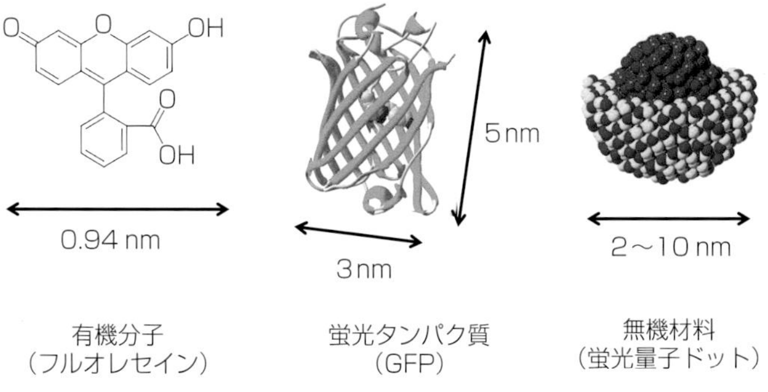

口絵 2 さまざまな蛍光分子

【出典】M. Jacoby, *C & EN*, December 12, 31 (2011).

図 3. 1 参照.

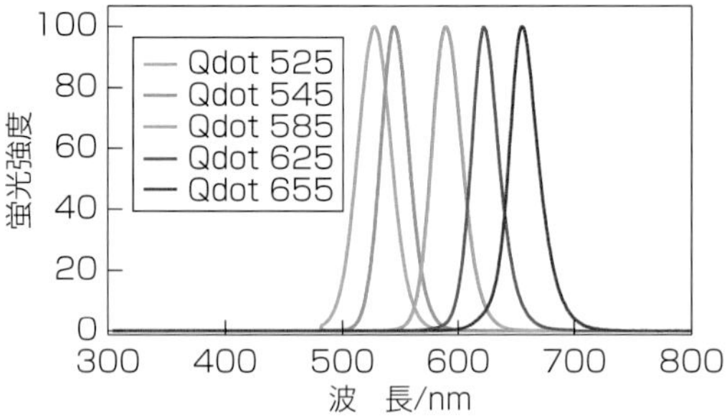

口絵 3　**量子ドットの発光スペクトル**

図 3. 2 参照.

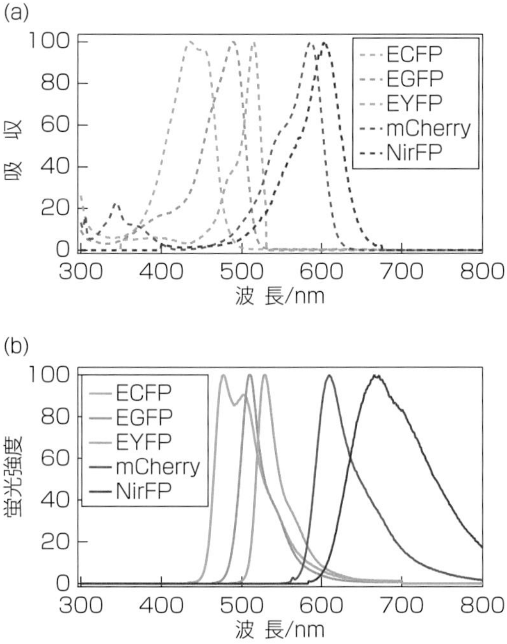

口絵 4　**さまざまな発光色を示す蛍光タンパク質**

図 3. 4 参照.

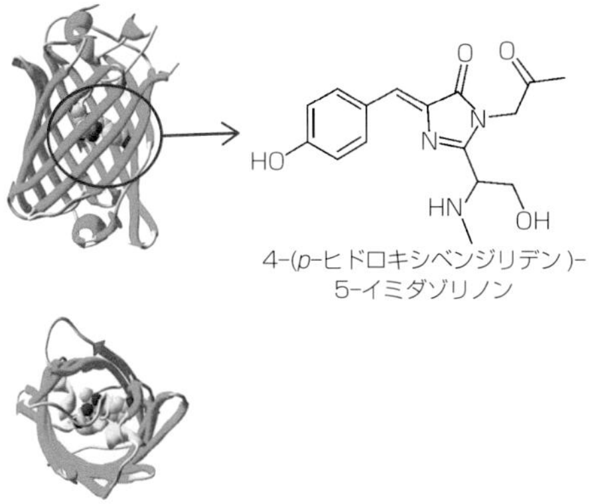

口絵 5　**GFP タンパク質の構造**

図 3.3(a) 参照.

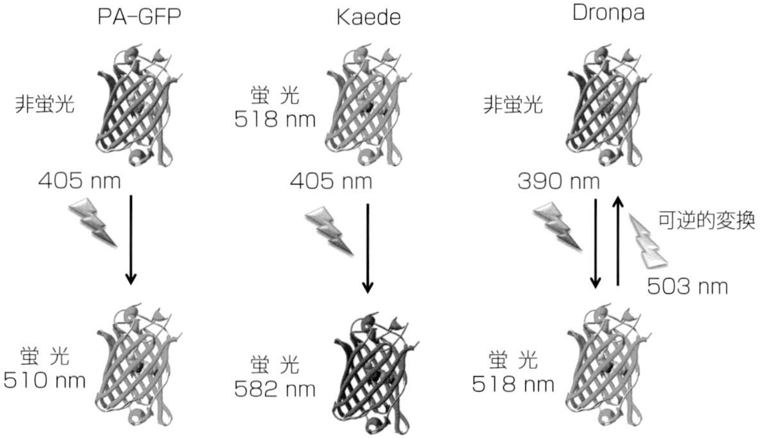

口絵 6　**第 2 世代の蛍光タンパク質**

図 3.5 参照.

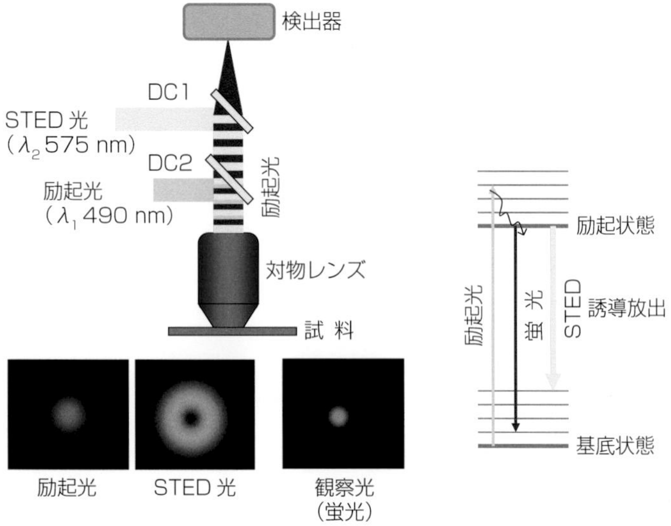

口絵 7　**STED を用いた超解像イメージングの基本構成と原理**

図 3. 28 参照.

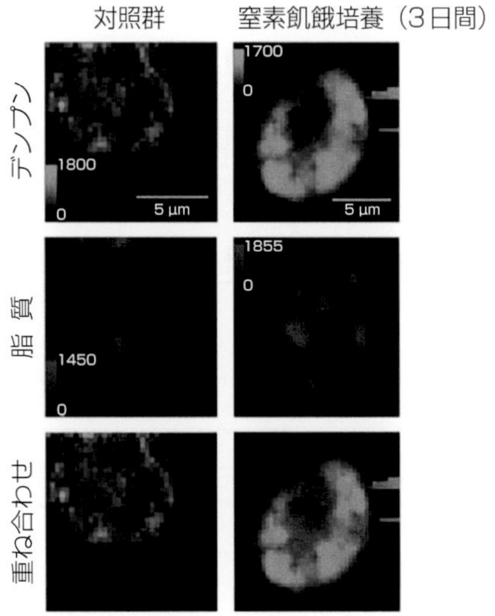

口絵 8　**単一緑藻から取得したラマンイメージ**

【出典】Chiu, *et al., Biotechnol. Biofuels*, **10**, 9（2017）を改変.
図 5. 6 参照.

分析化学 実技シリーズ

機器分析編・18

(公社)日本分析化学会【編】
編集委員／委員長　原口紘炁／石田英之・大谷　肇・鈴木孝治・関　宏子・平田岳史・吉村悦郎・渡會　仁

小澤岳昌【著】

バイオ イメージング

共立出版

「分析化学実技シリーズ」編集委員会

分析化学実技シリーズ
刊行のことば

このたび「分析化学実技シリーズ」を日本分析化学会編として刊行することを企画した．本シリーズは，機器分析編と応用分析編によって構成される全30巻の出版を予定している．その内容に関する編集方針は，機器分析編では個別の機器分析法についての基礎・原理・装置・分析操作・実施例に関する体系的な記述，そして応用分析編では幅広い分析対象ないしは分析試料についての総合的解析手法および実験データに関する平易な解説である．機器分析法を中心とする分析化学は現代社会において重要な役割を担っているが，一方産業界においては分析技術者の育成と分析技術の伝承・普及活動が課題となっている．そこで本シリーズでは，「わかりやすい」，「役に立つ」，「おもしろい」を編集方針として，次世代分析化学研究者・技術者の育成の一助とするとともに，他分野の研究者・技術者にも利用され，また講義や講習会のテキストとしても使用できる内容の書籍として出版することを目標にした．このような編集方針に基づく今回の出版事業の目的は，21世紀になって科学および社会における「分析化学」の役割と責任が益々大きくなりつつある現状を踏まえて，分析化学の基礎および応用にかかわる研究者・技術者集団である日本分析化学会として，さらなる学問の振興，分析技術の開発，分析技術の継承を推進することである．

分析化学は物質に関する化学情報を得る基礎技術として発展してきた．すなわち，物質とその成分の定性分析・定量分析によって得られた物質の化学情報の蓄積として体系化された分析化学は，化学教育の基礎として重要であるために，分析化学実験とともに物質を取り扱う基本技術として大学低学年で最初に教えられることが多い．しかし，最近では多種・多様な分析機器が開発され，いわゆる「機器分析法」に基礎をおく機器分析化学ないしは計測化学が学問として体系化されつつある．その結果，機器分析法は理・工・農・薬・医に関連する理工系全分野の研究・技術開発の基盤技術，産業界における研究・製品・技術開発のツール，さらには製品の品質管理・安全保証の検査法として重要な役割を果たすようになっている．また，社会生活の安心・安全にかかわる環境・健康・食品などの研究，管理，検査においても，貴重な化学情報を提供する手段として大きな貢献をしている．さらには，グローバル経済の発展によって，資源，製品の商取引でも世界標準での品質保証が求められ，分析法の国際標準化が進みつつある．このように機器分析法および分析技術は科学・産業・生活・経済などあらゆる分野に浸透し，今後もその重要性は益々大きくなると考えられる．我が国では科学技術創造立国をめざす科学技術基本計画のもとに，経済の発展を支える「ものづくり」がナノテクノロジーを中心に進められている．この科学技術開発においても，その発展を支える先端的基盤技術開発が必要であるとして，現在，先端計測分析技術・機器開発事業が国家プロジェクトとして推進されている．

本シリーズの各巻が，多くの読者を得て，日常の研究・教育・技術開発の役に立ち，さらには我が国の科学技術イノベーションにも貢献できることを願っている．

「分析化学実技シリーズ」編集委員会

まえがき

本書は，生物を対象としたイメージング技術の理論・原理と応用が織り込まれている．イメージング技術は基礎生命科学研究にとどまらず，医学，農学，工学，創薬など，様々な分野で活用され大きな発展を遂げている．たとえば，20 世紀に開発された電子顕微鏡や蛍光イメージング技術の普及は，生命の理解を飛躍的に深化させる原動力となってきた．また近年のバイオイメージング技術は，その方法論の開発に携わるエンジニア，コンピュータ科学者，物理学者，生物学者，医者，そして化学者の知性と叡智が集結した高度な技術体系からなる．こうした最先端のバイオイメージングは，今や生命に関わる多くの研究者にとって必要かつ不可欠な技術となった．そしてバイオイメージングそのものが科学の一大ブームとなり，多くの科学者がその技術開発に参入している．自分の興味ある分子が生きた細胞や動植物個体内でふるまう様子を，レンズを通してあるがままに観察できることは，まさに驚きであり感動に満ちあふれている．

一方，バイオイメージングといってもその技術は実に多様である．どんな機械を使ったらよいか，何のプローブを選んだらよいか，データの解析の方法をどうしたらよいかなど，実験を始めるとなると様々な疑問に直面する．さらにイメージング技術が発展するにつれてイメージングシステムが複雑になり，顕微鏡をブラックボックスとして利用する研究者も少なからずいるであろう．イメージングの基本原理を理解していれば，応用範囲が格段に広がることは明白であるが，マニュアルの範疇で顕微鏡を利用する方も多いと思う．

このような背景を鑑みて，「これから蛍光・発光イメージングを始めたい」，あるいは「既にイメージングに携わっているがその基本原理を知りたい」という初学者向けに，高校から大学一般教養程度の知識で理解できるように本書は執筆されている．バイオイメージングの中でも蛍光，発光，そしてラマンイメージング法に焦点をあて，その基本原理を中心に解説する．

Chapter 1 では，バイオイメージングの基礎として，その歴史的な背景と光の基本法則について解説する．Chapter 2 では，顕微鏡の基本原理を取り扱う．バイオイメージングを実践する上で，顕微鏡は最も重要な基本構成部品の一つである．その基本構成と結像の原理，性能，そしてコントラストの作成法について理解を深める．Chapter 3 では蛍光イメージングを体系的に概説する．蛍光プローブとイメージング技術，様々な顕微鏡について原理的側面から解説する．Chapter 4 では，発光イメージングについて概説する．蛍光イメージングとの違いと，その優位性を活かした応用に焦点をあてる．Chapter 5 では，ラマンイメージングの基本原理について紹介する．近年台頭した技術であるが，分子イメージング技術としてそのポテンシャルは大きく，近年大きな注目を集めている．Chapter 6 では，イメージングの未来展望について，特に近未来に実現しつつある技術を中心に概説している．

本書を読んで，バイオイメージングの神髄を味わうべく，イメージング原理の理解の一助になれば望内の喜びである．そして，読者の技術とアイデアがイメージング技術に融合し，新たな分析技術の潮流が生まれるとしたら望外の喜びである．

本書の執筆では，島田林太郎博士と吉村英哲博士に多大なるご協力をいただいた．ここに心から厚く御礼申し上げる．最後に本書の出版にあたり，機会を与えていただいた原口紘炁編集委員長および編集委員の方々，共立出版に深甚の謝意を表する．

2020 年 2 月

小澤岳昌

目　次

刊行のことば　*i*
まえがき　*iii*

Chapter 1　バイオイメージングの基礎　*1*

1.1　バイオイメージングとは　*2*
1.2　バイオイメージングの必要性　*3*
1.3　バイオイメージングの誕生　*5*
1.4　バイオイメージングに用いる蛍光・発光・ラマン散乱光　*8*
1.4.1　蛍光と発光の原理　*8*
1.4.2　ラマン散乱光　*12*

Chapter 2　顕微鏡の基本原理　*15*

2.1　光学原理　*16*
2.2　顕微鏡の種類　*21*
2.3　顕微鏡の結像原理と性能　*22*
2.4　顕微鏡の基本構成　*26*
2.4.1　顕微鏡本体　*27*
2.4.2　照明系　*30*
2.4.3　検出器　*31*
2.5　コントラスト作成　*34*
2.6　時間分解能と空間解像度　*37*

2.7　ノイズとバックグラウンド　*39*

Chapter 3　蛍光イメージング　*41*

3.1　蛍光分子　*42*
3.2　蛍光プローブ　*47*
3.2.1　有機蛍光プローブ　*47*
3.2.2　蛍光タンパク質プローブ　*49*
3.2.3　蛍光分子ラベル化法　*52*
3.3　蛍光イメージング法　*54*
3.4　共焦点レーザー走査型蛍光顕微鏡　*59*
3.5　二光子励起蛍光顕微鏡　*61*
3.6　全反射蛍光顕微鏡　*64*
3.7　光シート型蛍光顕微鏡　*66*
3.8　蛍光相関分光法　*68*
3.9　超解像蛍光顕微鏡　*71*
光活性化局在性顕微鏡法（PALM）　*72*
確率的光学再構築顕微鏡法（STORM）　*73*
誘導放出抑制顕微鏡法（STED）　*73*
3.10　蛍光イメージングの実践　*75*

Chapter 4　発光イメージング　*81*

4.1　発光分子　*82*
4.2　発光プローブ　*86*
4.2.1　基質改変プローブ　*86*
4.2.2　酵素改変プローブ　*88*
4.3　発光イメージング法　*91*
4.4　細胞観察用顕微鏡　*92*
4.5　動植物個体観察用装置　*93*

Chapter 5　ラマンイメージング　95

5.1　ラマンイメージングとは　96
5.2　ラマンプローブ　97
5.3　ラマンイメージング法　98
5.3.1　SRS イメージング　99
5.3.2　CARS イメージング　100
5.4　ラマンイメージングシステム　100
5.5　ラマンイメージングの実践　102

Chapter 6　イメージングの未来展望　105

6.1　イメージング材料　106
6.2　プローブ開発　107
6.3　観察法　108
6.4　新たなイメージング技術　109

索　引　111

イラスト／いさかめぐみ

Chapter 1

バイオイメージングの基礎

バイオイメージングは，現代の生命科学研究を加速する大きな原動力となっている．これまで目で見えなかった生命現象が直接「観える」インパクトは絶大であり，生体の時空間情報が得られる技術として必要不可欠な分析技術となっている．本章では，生命科学研究におけるイメージングの必要性と，そのイメージング技術を理解するうえでの光に関する共通した基礎知識について解説する．

1.1 バイオイメージングとは

バイオイメージングは，生命科学研究におけるさまざまな生物学的疑問に答えるための可視化技術である．その技術は，基礎生物学研究にとどまらず，医薬品開発や医療診断，また農学分野におけるバイオエンジニアリングなどで活用され，大きな成長を遂げてきた（**図1.1**）．このバイオイメージング分野は，単一分子であるナノスケールの特性から，マイクロやミリオーダーの細胞や動植物組織の構造を対象としている．異なる尺度で細胞内外の構造や分子の動態を可視化することで，生体のはたらきを分子で理解することが可能となる．現在のバイオイメージング技術は，その方法論の開発に携わるエンジニア，コン

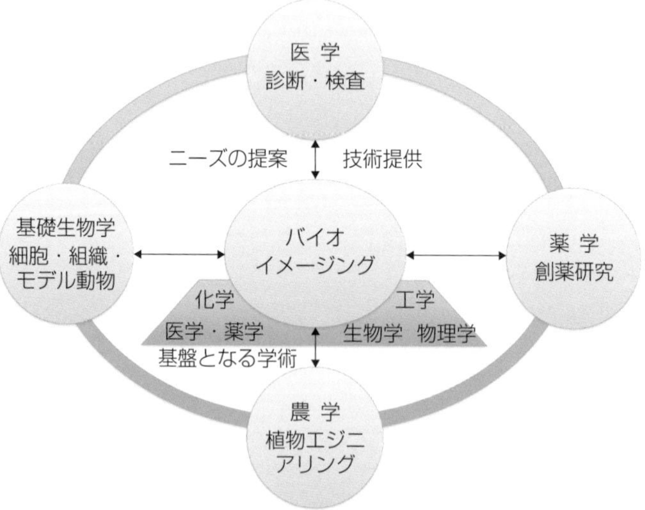

図 1.1　バイオイメージングは健康維持や安全な食品など社会基盤を支える重要な技術

ピュータ科学者，物理学者，生物学者，臨床医，そして化学者の知性と叡智が集結して，築き上げられた技術体系からなる．その背景には，生命を「観る」ことが生命科学研究に大きな貢献を果たしてきたことが挙げられよう．たとえば生命の最小単位である細胞は，Robert Hooke が複式顕微鏡（凸レンズ2枚を組み合わせた顕微鏡）を開発して，コルクを観察したときに発見された．細胞内の微小なオルガネラも，多くは生命科学者が顕微鏡で観察することによって見いだされ，機能解析が進められてきた．（ノーベル医学生理学賞を受賞した大隅良典は，酵母細胞を電子顕微鏡で観察しているときに，オートファゴソームという細胞内膜を発見している.）このように，生命科学研究のセレンディピティは，顕微鏡の発展に伴う「観る」ことで達成されてきたことを歴史は物語っている．

1.2 バイオイメージングの必要性

生命化学研究の脈々とした長い歴史のなかで，1900年代半ばから分子生物学という生命を分子の言葉で理解しようとする学問が勃興した．分子生物学は，1930年代ころからX線結晶構造解析などにより化学物質の構造が次々に明らかになるにつれ，さまざまな生命現象，とくに遺伝現象も分子レベルで理解したいということから始まっている．1950年以降はDNAやRNA，タンパク質，代謝産物などの分子構造とその細胞内での機能の理解が急速に進んでいった．また，1960年代になると分子を特異的に認識する抗体を使った分析法がRosalyn YalowとSolomon Bersonにより開発され，特定のタンパク質を精製したり検出する技術に大きく貢献することになる．こうした分子生物学は，基本的には細胞をすりつぶして生体分子を分離し，そしてその物質量を定量したり機能を解析するアプローチが用いられてきた．しかし細胞は膜で囲まれたヘテロな分子集団から構成されており，その物質量および局在は時々刻々と変化する．たとえば，神経細胞内のシグナルで重要なカルシウムイオンの細胞内シグナルはミリ秒オーダーで伝達される．細胞内シグナル伝達に重要なタンパク質のリン酸化や脱リン酸化は，分オーダーで変化する．細胞内でダイナミックに局在を変える核内転写因子も分オーダーで核とサイトゾルを行き来する．一方，アポトーシスとよばれる細胞死は，細胞外からの刺激を受けた後，数時間から数十時間後に死滅する．また細胞は概日時計とよばれる 24 時間周期を有しているが，このリズムを刻むのも分子の協調的なはたらきで維持されている．

このような細胞単位で起こる生命現象を分子レベルで理解するには，既存の分子生物学で用いられてきた分析技術ではきわめて困難である．その大きな理由の一つは，時間分解能にある．すなわち，細胞をすりつぶして生体分子を分離した後に解析する方法では，秒オーダーの反応はおろか，数分で起こる反応も精度良く追跡することは技術的に難しい．もう一つは，分子の空間的情報が失われていることである．分子生物学はそもそも，細胞を構成する分子を特定しその構造と機能を解析することを目的としているので，空間的な情報は損なわれている．最後に，細胞間シグナルや細胞間の異種性の問題である．分子生物学的手法は，細胞集団を試料とするため，細胞間の個性は問題としない．しかし，動物も植物も細胞は一様ではなく，たとえ同種の細胞でも隣の細胞は異なるはたらきをしているかもしれない．また肝臓のような組織一つとっても，肝実質細胞の周りには免疫細胞や血管などが存在し，つねに物質のやりとりをしている．このようなヘテロな細胞集団に関する情報を取得するためには，まさに「観る」技術が必要となる．そこで観る技術として飛躍的発展を遂げてきたのが顕微鏡を用いたバイオイメージングである．

1.3 バイオイメージングの誕生

一般にバイオイメージングというと，光学顕微鏡だけでなく，磁気共鳴，核医学，放射線，超音波および分光法の原理を用いた可視化方法の全般をさす（**図 1.2**）．たとえば，核磁気共鳴は機能的磁気共鳴画像（映像）法（functional Magnetic Resonance Imaging：fMRI）によって，水のプロトンを観察することでヒトの断層像を可視化する．放射線はさまざまな核種から放出され，たとえば陽電子（ポジトロン）放出（型）断層撮影（法）（Positron Emission Tomography：PET）は，フッ素などの放射性同位体標識化合物を体内に添加し，その体内分布から疾患部位を可視化することができる．こうしたイメージング技術は，医学分野で 1900 年代の中ごろから盛んに研究され実用化に至り，現在の医療現場を支える必要不可欠な基盤技術となっている．

一方，これらイメージング技術と並行するように，動植物の組織や細胞の形

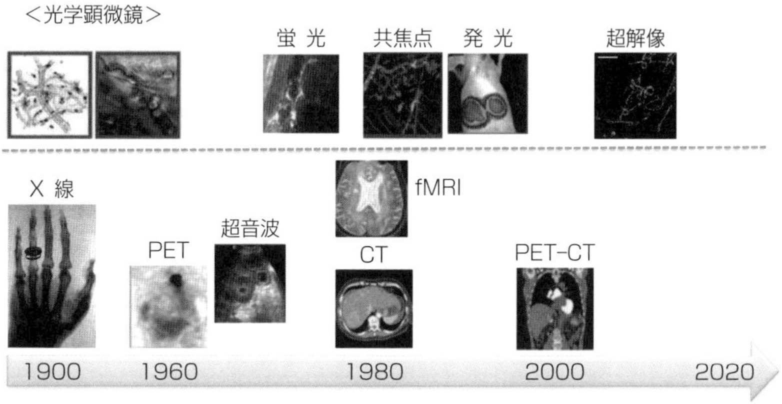

図 1.2　**バイオイメージングの歴史と種類**

カラー図は口絵 1 参照.

態を観察するために，光学顕微鏡や電子顕微鏡が開発されてきた．時代は分子で生命理解を試みる時代へと移行するにつれ，顕微鏡でも生きた細胞や組織中ではたらく特定の分子を観察するニーズが高まった．そして分子生物学と生体イメージング技術が融合することで，生体内の特定の分子を観察する生体分子イメージングが台頭した（**図 1.3**）．その代表的な技術の一つが，蛍光顕微鏡を用いるカルシウムイメージングである．後の章でその詳細について述べるが，調べたいイオン，分子，タンパク質などの生体分子を光らせる技術と，革新的なオプティクスの技術を用いた顕微鏡を組み合わせることで，望みの分子のみを光らせて時空間解析する分子イメージングが可能となっている．

こうしたイメージング技術は，光の波長やエネルギーと関連づけると理解しやすい（**図 1.4**）．電磁波の波長（λ）はエネルギー（E）に反比例しており，

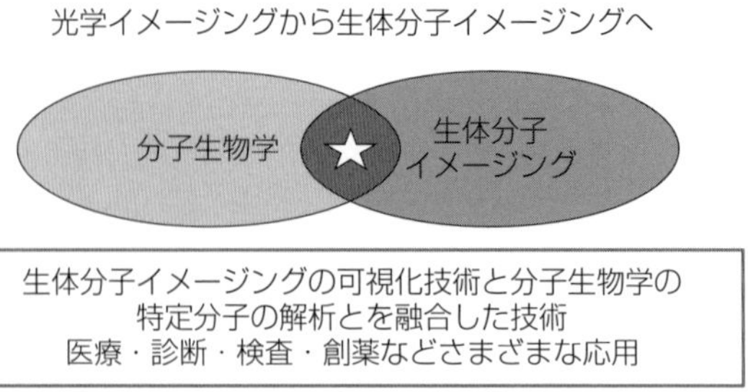

図 1.3　生体分子イメージング

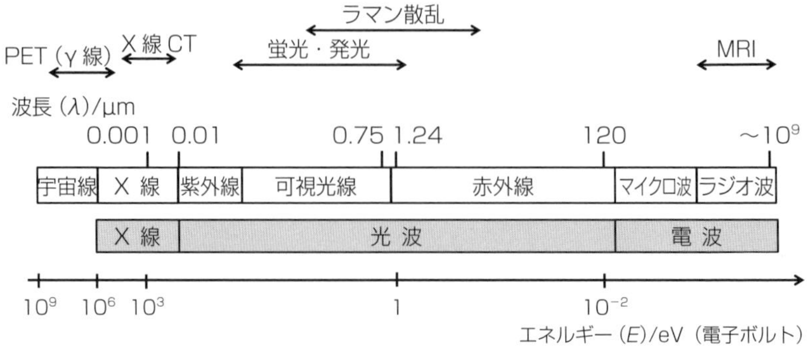

図 1.4　光のエネルギーとイメージング技術との関係

次式の関係がある．

$$E = h\nu = \frac{ch}{\lambda}$$　h：プランク定数，ν：光の周期，c：光の速度

エネルギーがきわめて大きいX線やガンマ線は，動物体内の組織透過性が高いため，X線（レントゲン）撮像やPETによるがんの発見に古くから利用されてきた．一方，非常にエネルギーの低い電波も組織透過性が高いことが知られており，この特性を利用してfMRIは動物組織内部のコントラスト撮像を可能にしている．一方，可視領域（λ＝300～700 nm）の光は組織透過性がきわめて低く，また動物はヘモグロビンなどのような強い可視光吸収特性を有する生体分子を多く含んでいる（**図1.5**）．したがって，可視領域のイメージングは，一般に動物組織観察には適さないと思われがちである．しかし，動物細胞そのものは光吸収分子の濃度はきわめて低く，無色透明である．そのため，光学顕微鏡で観察すると，コントラストが得られずに細胞の形態や内部構造を観ることはできない．そこで細胞のオルガネラや脂質などによる光の屈折率の違いを利用してコントラストをつけたり，特定の生体分子を蛍光分子などで標識して観察する方法が用いられる．また動物組織観察でも，励起光には組織透過性の高い近赤外光を利用する方法や，不透明な組織そのものを透明化して観

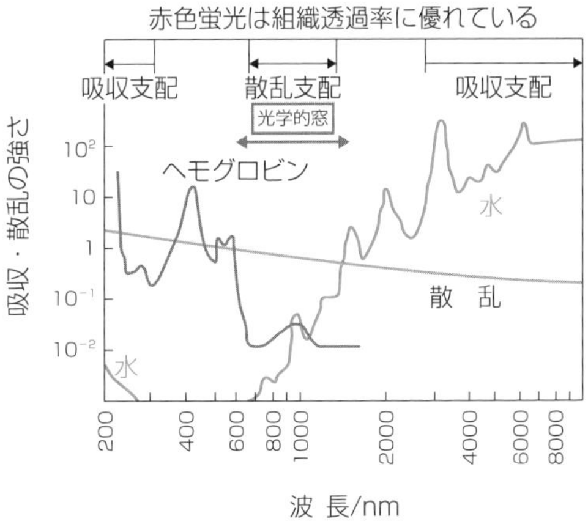

図1.5　**光の波長と組織透過性との関係**

【出典】N. Ozaki, *et al.*, *Nanotech. Jpn. Bull.*, **6**(6), 2（2013）.

察する技術も盛んに行われている．究極的には，マウスをまるごと透明化する技術もあり，固定した生体試料ではあるが，その全体像を分子レベルで観察できるインパクトはきわめて大きい．

本書では，可視領域の蛍光や発光と，近赤外領域の電磁波を利用した顕微鏡によるイメージング技術に焦点を絞り，その基本原理と特徴そして応用について紹介する．

1.4 バイオイメージングに用いる蛍光・発光・ラマン散乱光

1.4.1 蛍光と発光の原理

蛍光分子にある波長の光（励起光）を照射すると，励起波長よりも長波長の光を放出する．たとえば，補酵素の一つであるNADH（NADの還元型）は，340 nmの光を吸収すると，465 nmに発光極大を有する蛍光を放出する．代表的な蛍光分子であるフルオレセインならば，494 nmの光を吸収して521 nmの蛍光を放出する（**図1.6**）．ここではフルオレセインを例に挙げ，その発光原理について解説しよう．蛍光分子が吸収波長に一致した波長の励起光を吸収すると，電子が基底状態から励起状態に遷移する（**図1.7**）．電子軌道エネルギーには，振動エネルギーや回転エネルギーが重畳しているため，励起状態にもいくつものエネルギー状態が存在する．励起された電子は速やかに最も低い励起エネルギー状態に緩和し，そして基底状態に戻る．このとき，励起状態と基底状態のエネルギー差に相当するエネルギーが放出される．このエネルギーを放出する過程には，無放射緩和（nonradiative ralaxation）と蛍光発光（fluorescence emission）がある．無放射緩和過程は，分子振動による緩和または内部転換（internal conversion）であり，光の放出は起こらない．一方，

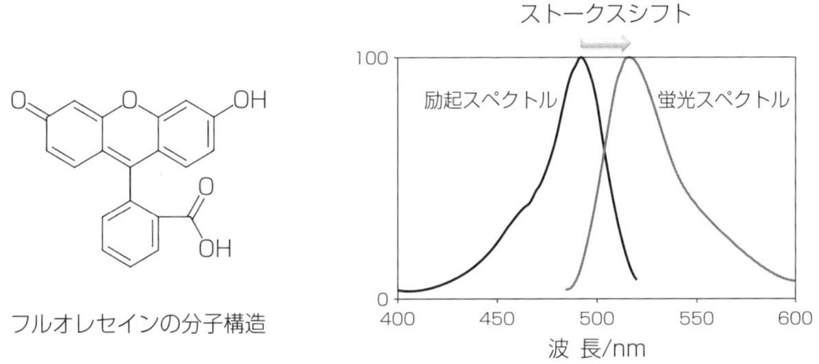

図 1.6　**フルオレセインの分子構造と励起・発光スペクトル**

蛍光のエネルギーは常に励起光のエネルギーより低いため，励起光の波長に対して蛍光の波長は長くなる．なお，励起状態にある電子の一部は項間交差という電子のスピンの反転に伴い，励起三重項状態というより低いエネルギー状態にも遷移する．この電子状態から放出される光はりん光とよばれており，蛍光とは区別して扱われる．

分光計を用いて分子から放射される蛍光を測定することで，蛍光スペクトルが得られる．一般に溶液中では，励起スペクトルと蛍光スペクトルはいずれもブロードになる（図 1.6）．とくに，励起光を最も多く吸収する波長を励起極大波長（λ_{ex}），蛍光強度の最も高い波長を蛍光極大波長（λ_{em}）とよぶ．励起極

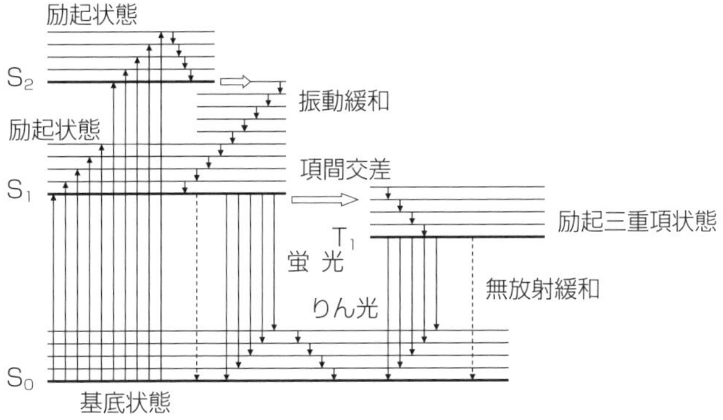

図 1.7　**ヤブロンスキー（Jablonski）図による発光メカニズム**

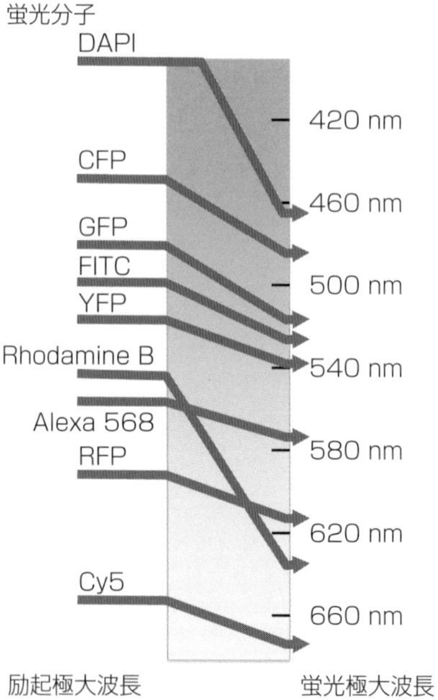

図 1.8 **ストークスシフト**

さまざまな蛍光分子の励起極大波長と蛍光極大波長.

大波長と蛍光極大波長との間には $\lambda_{em} > \lambda_{ex}$ の関係があり，波長が長波長にシフトすることをストークスシフト（Stokes shift）とよんでいる．ストークスシフトは蛍光プローブの選択において重要なパラメータとなる（**図 1.8**）．たとえばストークスシフトが非常に小さい蛍光分子を用いた場合，励起スペクトルと蛍光スペクトルの重なりが大きく両者の波長が近くなり，結果として蛍光検出時に励起光によるバックグラウンドが大きくなる．しかしこのような蛍光分子，異なる波長の蛍光プローブを複数種用いることができる利点がある．一方，ストークスシフトが大きい蛍光分子（たとえば Rhodamine B）は，励起スペクトルと蛍光スペクトルの重なりが小さいため，バックグランドの低い画像を得ることができる．

先に述べたように，蛍光は分子が励起された後のいくつかある緩和過程の一つである．すべての光吸収分子は蛍光を放出する可能性はあるが，多くの場合，蛍光放出よりも速い速度で無放射緩和が起きてしまう．そこで，どの程度蛍光として放出されるかを定量的に示すため，量子収率（quantum yield）が用いられる．量子収率は励起された分子総数に対する蛍光を発した分子数の比として表すことができる．一般には以下の式で表される．

$$量子収率\ (\phi_{\mathrm{F}}) = \frac{k_{\mathrm{F}}}{k_{\mathrm{F}} + k_{\mathrm{nr}} + k_{\mathrm{ic}}}$$

k_{F} は蛍光緩和の一次速度定数であり，k_{nr} は無放射緩和の速度定数，そして k_{ic} は項間交差の速度定数である．フルオレセインのような強い蛍光性分子は，量子収率が 1 に近い値を示す．ただし溶媒によって量子収率が変わるため，文献からその値を比較するときは注意が必要である．

また，蛍光強度は蛍光分子の濃度が低ければ，比例関係にあるため定量性がある．これは，入射光エネルギーを P_0，分子に吸収された光エネルギーを P とすると，放出された蛍光のエネルギー F は

$$F = K'(P_0 - P)$$

で表される．ここで K' は蛍光の量子収率に依存する定数である．蛍光分子の濃度を c とすると，ランベルト-ベールの法則（Lambert-Beer law）から

$$\frac{P}{P_0} = 10^{-\varepsilon bc}$$

の関係がある．ε は蛍光分子のモル吸光係数であり，b は入射光が試料を透過した長さである．この式を上の式に代入すると，

$$F = K'P_0(1 - 10^{-\varepsilon bc}) = K'P_0\left\{2.31\varepsilon bc - \frac{(-2.31\varepsilon bc)^2}{2!} - \frac{(-2.31\varepsilon bc)^3}{3!} - \cdots\right\}$$

となる．ここで濃度が十分に低ければ，2 項目以降は無視できるほど小さな値となるので，

$$F = 2.31K'P_0\varepsilon bc$$

と簡略化できる．すなわち，蛍光のエネルギーは，蛍光分子濃度と比例関係にあることがわかる．

1.4.2 ラマン散乱光

物質に光を照射すると，光と物質との相互作用により反射，屈折，吸収に加えて散乱が起こる．この散乱光のなかには，入射した光と同じ波長の光が散乱される弾性散乱（レイリー散乱（Rayleigh scattering）という）と，入射光とは異なる波長に散乱される非弾性散乱（ラマン散乱（Raman scattering）という）がある（**図 1.9**）．ラマン散乱では，光と分子固有の振動との相互作用により，さまざまな分子固有の波長と強度が得られる．分子の振動エネルギーは電子の遷移エネルギーよりはるかに小さく，蛍光による電子遷移とはまったく異なることに注意が必要である．

ラマン散乱光の強度は通常，レイリー散乱の 10^{-6} 倍程度しかない．その微弱な光を分光して検出するとなると，個々のシグナルはさらに減弱されてしまうため，夾雑な環境下にある生細胞に応用することは容易ではなかった．しかし，近年は分析機器の発展に伴い，カメラ感度の向上や光源となるレーザーの進歩，さらに新たなラマン散乱の検出原理が台頭し，生細胞への応用が広がっている．まずはラマンスペクトルについて簡単に解説しよう．

ある分子のラマン散乱を測定するためには，ラマン分光光度計を使う．ラマン分光光度計は，励起光源として単色光のレーザーを使用し，散乱される光を分光器に通してラマンスペクトルを検出する．ここで得られるラマンスペクトルの縦軸は散乱光の強度を表し，横軸は単色光の励起に用いたレーザー波長か

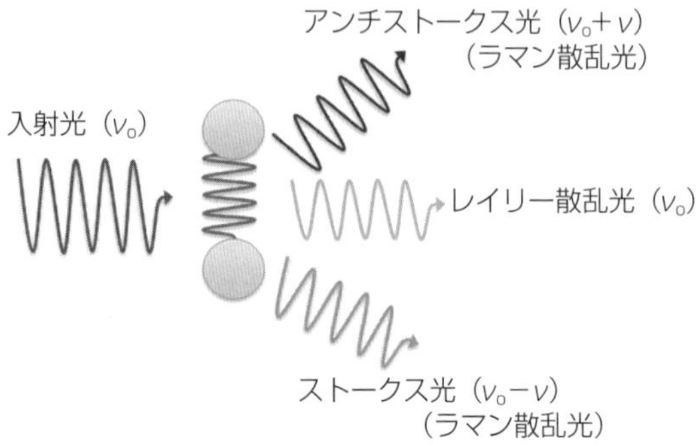

図 1.9 散乱光の種類

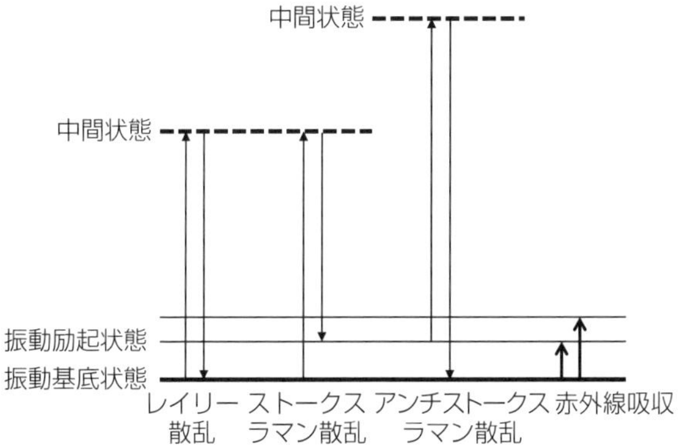

図 1.10　レイリー散乱とラマン散乱と赤外線吸収の違い

らどれだけシフトしたか（ラマンシフトという）を，波数（cm^{-1}）として示す．すなわち，ラマンシフトは，入射光と散乱光のエネルギー差を表している（**図 1.10**）．ラマン散乱のなかで，入射光よりも低い振動数（長波長，低エネルギー）領域に観測されるバンドをストークス散乱（$\nu_0 - \nu$），高い振動数（短波長）領域に観測されるバンドをアンチストークス散乱（$\nu_0 + \nu$）という（図 1.9）．一般的にイメージングに用いるラマン散乱光は，散乱光強度の大きいストークス散乱を用いる．

図 1.10 に示すように，ラマン散乱光も赤外線吸収のいずれも，分子振動の基底状態と励起状態のエネルギー差が観測される．ただし，ラマン散乱は中間状態に励起するためエネルギーの大きな短い波長の光を照射して観察できる点が赤外線吸収と異なる．また，分子の振動モードなどによっても，ラマン散乱と赤外線吸収とでスペクトルに大きな差があるが，詳細は専門書を参考にしていただきたい．

参考書

・濵口宏夫，岩田耕一（著），『ラマン分光法』，日本分光学会（2015）．
・尾崎幸洋，岩橋秀夫（著），『生体分子分光学入門』，共立出版（1992）．

Chapter 2 顕微鏡の基本原理

バイオイメージングを実践するうえで，顕微鏡は最も重要な基本構成部品の一つである．とくに対物レンズはイメージングの心臓部ともいえるほど多くの機能を備えた部品であり，その正確な理解と使用はイメージング取得画像のクオリティーを大きく左右する．ここでは，光学原理の基礎を概説した後に，顕微鏡の種類，その結像原理と性能，顕微鏡の基本構成とその周辺機器について解説する．また，細胞のような透明試料の画像取得に必要となるコントラストの作成法と分解能について述べる．

2.1 光学原理

イメージングを行ううえで，光の性質を最大限に引き出すには，光学原理を正しく理解することが重要となる．本節ではまず，光の基本的な性質を説明し，顕微鏡の能力を最大限に引き出すために必要となる分解能について解説する．

光は電磁波であり，一定の媒質中では直進する性質がある．電磁波には2つの重要な性質，すなわち「波」,「粒子」としての性質がある．電磁波は電場と磁場が直交した横波であり，一定の周期（ν）を有している（**図 2.1**）．電磁波の周期は，1周期の長さを表す波長（λ）と，以下の関係で結ばれている．

$$\lambda \cdot \nu = c \qquad c：\text{光の速度}$$

電磁波の波長は，可視光領域においては色と相関する．一方，波の高さは振幅とよばれ，光の強度すなわち明るさに相関する．光の粒子としての性質は,「光子」とよばれ，光のエネルギーを考えるときに都合がよい．光のエネルギー（E）はプランク定数（h）を用いて，次の式で表される．

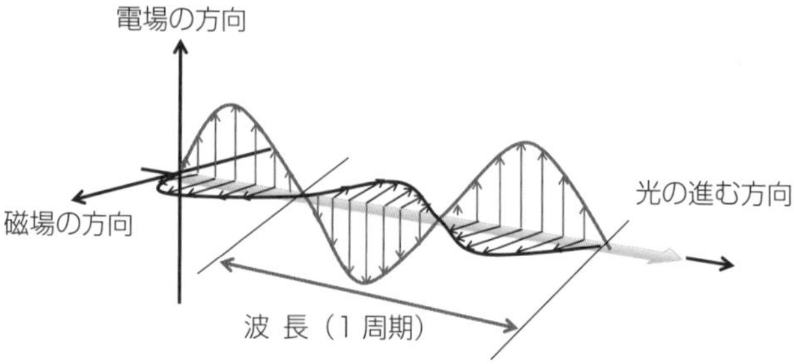

図 2.1　光の性質

$$E = h\nu = \frac{ch}{\lambda}$$

蛍光や発光のシグナルを定量的に扱うときは，光子の数で議論することができる．

電磁波は，異なる媒質を通過するときに，屈折または反射が起こる．水中の物質がひずんで見えたりするのは，電磁波が空気から水中を通過するときに屈折するためである（**図 2.2**）．また，鏡に対照的な像が見えるのは，電磁波が鏡に反射するためである．光の屈折は，スネルの法則（Snell's law）とよばれる以下の関係がある．

$$n_1 \sin\theta_1 = n_2 \sin\theta_2$$

n_i は媒質の屈折率であり，媒質中の光の速度（v）と次の関係がある．

$$n = \frac{c}{v}$$

スネルの法則は周期 ν を用いて，次のようにも書き替えることができる．

$$\frac{\sin\theta_1}{\nu_1} = \frac{\sin\theta_2}{\nu_2}$$

光の屈折に関するスネルの法則を使い，顕微鏡では像を拡大して観察する．

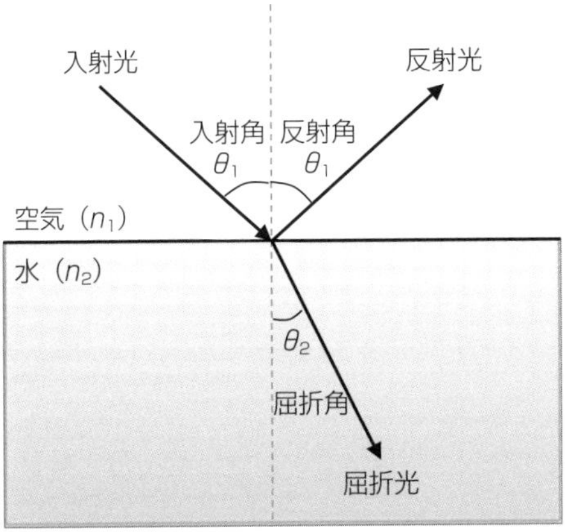

図 2.2　異なる媒質界面における光の屈折と反射

したがって，顕微鏡の原理を理解するうえでは重要な法則となるので，正しく記憶しておこう．

次に，電磁波が遮蔽物にぶつかる場合を考えよう．電磁波が大きな遮蔽物にぶつかると，波はその裏側に回り込もうとする「回折」とよばれる現象が起こる．海に突き出た堤防を思い出してほしい．外界の大きな波は堤防で遮蔽されるが，堤防の先端では波は堤防を回り込んで，港の中まで運ばれてくる．顕微鏡でも同様に，電磁波が試料に当たると，試料でさまざまな回折が起こる．回折の程度は，試料の構造の大きさに依存する．異なる場所で回折した電磁波は，波どうしがかさなり合い，強めあったり弱めあったりする（**図 2.3**）．すなわち波の振幅が大きくなったり小さくなったりする．この現象は「干渉」とよばれる．生物試料は透明なものが多いにもかかわらず，コントラストのある像が得られる．これは，光の干渉を巧みに利用した技術である．

顕微鏡の基礎知識としてもう一つ，レンズの特性を紹介する．レンズは凸レンズと凹レンズがある．凸レンズでは，無限遠からの電磁波（平行光線）がこのレンズを通過すると 1 点に集束する．この点を「焦点」とよぶ．凸レンズの焦点はレンズの前後にそれぞれ 1 点ずつ存在する．レンズの中心から焦点までの距離は焦点距離とよばれる．一方凹レンズ場合，無限遠からの電磁波がレンズを通過すると，電磁波は 1 点に集束せず広がる性質がある．この広がり方

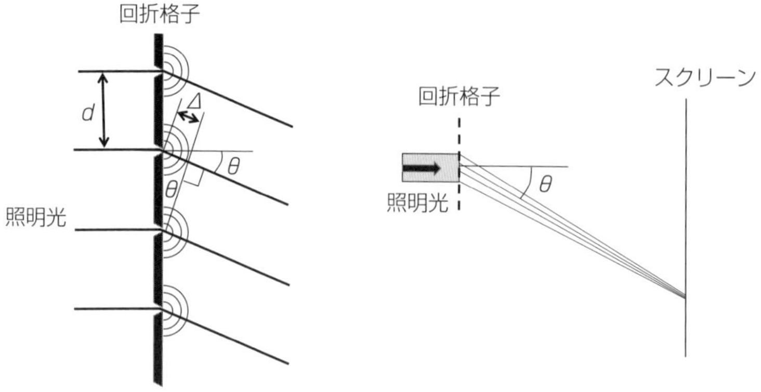

図 2.3　**光の回折と干渉**

$\varDelta = d \sin\theta = m\lambda$　　m が整数の条件を満たすとき光は強め合う．

は，レンズの手前の光源から電磁波が放射されたと仮定することができる．このレンズ前方の光源を凹レンズの焦点とよび，凸レンズ同様にレンズから焦点までの距離を焦点距離とよぶ．

顕微鏡は凸レンズと凹レンズの組合せで構成されている．そして，顕微鏡の心臓部である対物レンズは，通常複数枚の凹レンズと凸レンズが組み合わさって構成されている．

次に，凸レンズを例として，どのように像が拡大されるかを説明しよう（**図 2.4**）．

物体がレンズの焦点距離より左側，すなわちレンズから離れた位置にあるとしよう．このとき，レンズの右側には物体が反転した像が，レンズから一定の距離に形成される．物体とレンズとの距離は以下の関係がある．

$$\frac{1}{f}=\frac{1}{a}+\frac{1}{b}$$

したがって，物体がレンズから離れるほど右側の像は小さくなり，物体がレンズに近づくほど右側の像は大きくなる．ここで，レンズに対して垂直方向には，像が大きくひずんでいることに注意してほしい．レンズ 1 枚では深さ方向

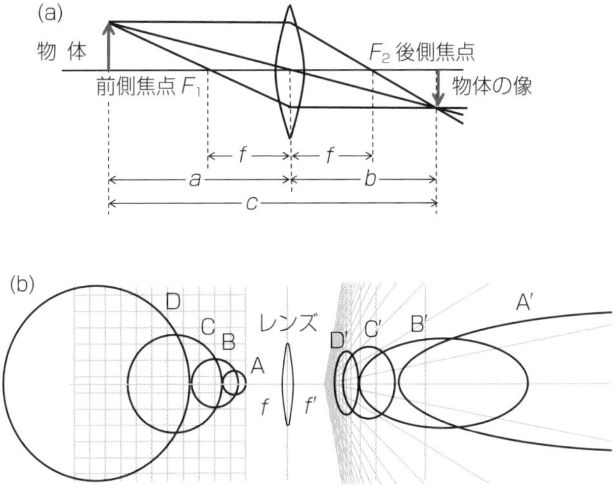

図 2.4 **凸レンズの結像原理**

凸レンズによる（a）焦点距離と（b）像のひずみ．

に関しては，実像を反映しないことを意味している．

もし物体がレンズと焦点距離との間にあれば，レンズの右側に物体より大きな像が形成されるが，焦点を結ぶことはない．そのため，このままでは像を観察することができない．しかし，もう1枚凸レンズを置いて拡大像の焦点を結ぶと，像を観察することができる．われわれの瞳は凸レンズでできており，レンズの役割を果たしている．1枚の凸レンズで構成されるルーペで物体を観察したとき，拡大像は瞳を通して，眼の瞳の奥にある網膜に焦点が結ばれる．結果として，ルーペ1枚の凸レンズで，物体を拡大して観察することができる（**図2.5**）．瞳とレンズの間にもう1枚凸レンズを置いて観察すれば，さらに拡大された像が得られる（**図2.6**）．瞳の中の網膜の代わりにデジタル検出器を置けば，拡大像をデジタル信号として取得することができる．このように，顕

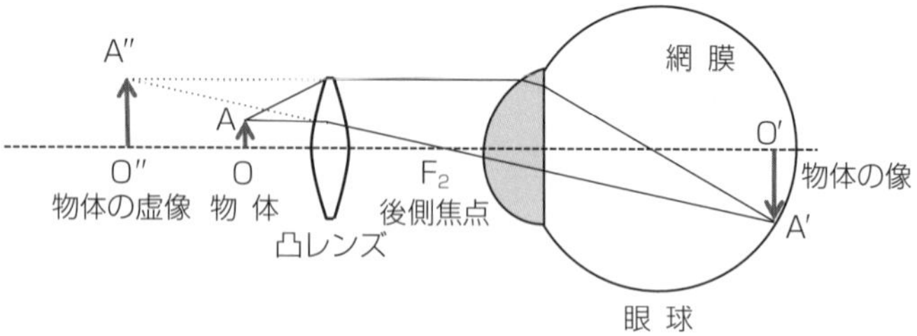

図2.5 凸レンズの結像原理

物体の虚像が拡大像として観察される.

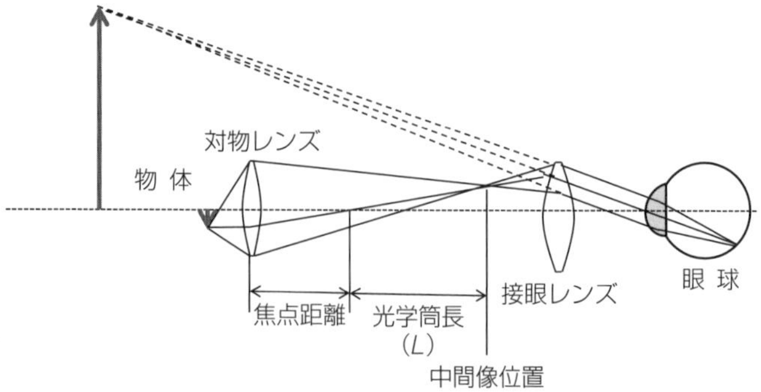

図2.6 複式レンズ（顕微鏡）の結像原理

微鏡の結像原理は２枚の凸レンズから構成されており，観察対象の近くに置くレンズを「対物レンズ」，結像に用いるもう１枚のレンズを「接眼レンズ」とよぶ．そして，顕微鏡の倍率は，(対物レンズの倍率)×(接眼レンズの倍率)で表される．

2.2 顕微鏡の種類

顕微鏡にはさまざまな種類が存在し，分類の仕方も観察対象や光の当て方によって異なる．たとえば生物のような透明試料を観察するならば，一般的には試料をガラス表面に設置して，透過してくる光を観察する．このような顕微鏡を「透過型顕微鏡」という．一方，金属のようなまったく光を透過しない試料を観察する場合，観察する側から光を当てて，反射した光を観察する．このような顕微鏡を「反射型顕微鏡」とよぶ．以降，生物試料を対象とした透過型顕微鏡に話しを絞って紹介する．

透過型顕微鏡には大きく分けて２種類のタイプがある（**図 2.7**）．一つは，対物レンズが試料の上側に位置して，試料を上から観察する「正立型顕微鏡」である．もう一つは，対物レンズが試料の下側に位置しており，試料の下から観察する「倒立型顕微鏡」である．歴史的には生物の形態を観察するために，正立型顕微鏡が広く用いられてきた．しかし，蛍光顕微鏡などさまざまな観察技術が生まれると，試料を下側から観察する方がいろいろと都合のよいことが出てきた．たとえば，生きた細胞を観察するためには，ディッシュの底面に接着した細胞に液体培地を加えて生きた細胞を観察する．そして特定のタイミングで培地に刺激剤を加えたり，細胞に直接物理的刺激を加えたりする．このような操作を行うには，倒立型顕微鏡が適している．初めて顕微鏡を扱うときには，正立型と倒立型のどちらを用いたらよいか，判断が難しいかもしれない．

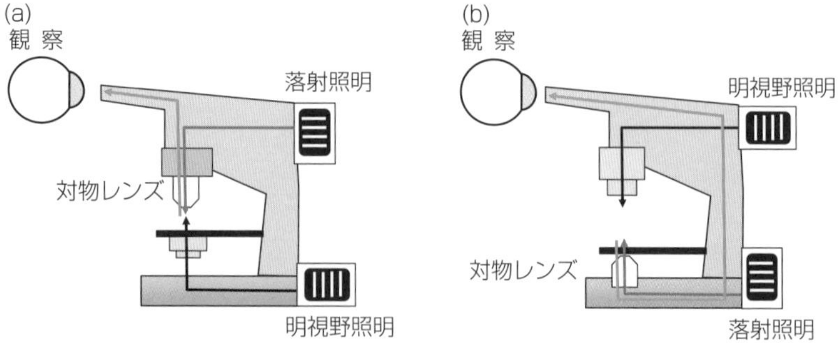

図 2.7 透過型顕微鏡の種類

(a) 正立型顕微鏡と (b) 倒立型顕微鏡.

一般に，倒立型顕微鏡はディッシュに接着した細胞を観察する場合に，プレパラートの標本や凹凸ある組織を観察したりするときは正立型顕微鏡を用いるとよい.

2.3 顕微鏡の結像原理と性能

2.1 節で述べたように，顕微鏡は 2 枚の凸レンズを組み合わせて試料を拡大して観察する．試料から放射または散乱・回折される光を対物レンズで集光し，対物レンズから一定の距離離れた位置に光は集束し像が形成される．これを，中間像または一次拡大像とよぶ．接眼レンズはこの像をさらに拡大する役割を担っている．観察者は，この接眼レンズで拡大された虚像を見ることになる．このようなタイプの顕微鏡を「有限補正光学系」とよぶ.

しかし，蛍光顕微鏡などが発展するにつれて，像を単に拡大観察するだけでなく，対物レンズと接眼レンズの間にフィルターやミラーなどさまざまな光学部品を挿入する必要性が生まれてきた．このとき，有限補正光学系ではレンズ間に光学部品を挿入するごとに焦点位置が変わってしまい，その補正が常に必要となり煩雑である．そこで，現在の多くの顕微鏡は，対物レンズを通した光は焦点を結ばない平行光線として，もう 1 枚の凸レンズで中間像を結ぶ方式をとっている（**図 2.8**）．このようなタイプの顕微鏡を「無限遠補正光学系」とよぶ．無限遠補正光学系では，対物レンズと凸レンズ間は平行光線であるため，この位置に光学フィルターなどを何枚挿入しても，焦点位置は変わらない．したがって，さまざまな顕微鏡観察に対応可能な光学系であるため，現在の多くの顕微鏡で利用されている．

顕微鏡の倍率については光学原理で解説したが，いくら倍率を上げても試料の構造の細部を識別するには限界がある．小さな構造を識別できる能力とは，言い換えれば，試料中の 2 点間の距離が近づいたとき，あるところで 2 点は 1 点にしか観察できなくなるが，この 2 点を識別できる距離の限界のことをさす（**図 2.9**）．この 2 点を識別できる距離のことを「分解能（resolving power)」とよぶ．2 点間の距離が小さいほど，分解能が優れている，または高分解能であるという．

では，分解能は何によって決まるのであろうか．一つは光の波長である．光の波長が短くなるほど，細かい構造が観察できる．もう一つの分解能を決める

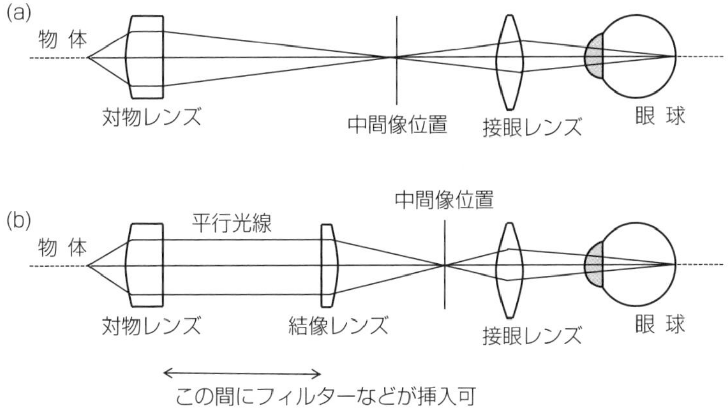

図 2.8　有限補正光学系（a）と無限遠補正光学系（b）

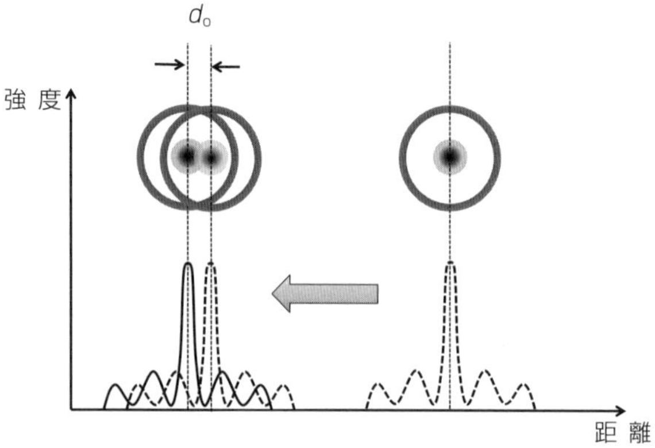

図 2.9　顕微鏡の分解能

点光源を近づけていくと，2 点を識別できる限界（d_o）が生じる.

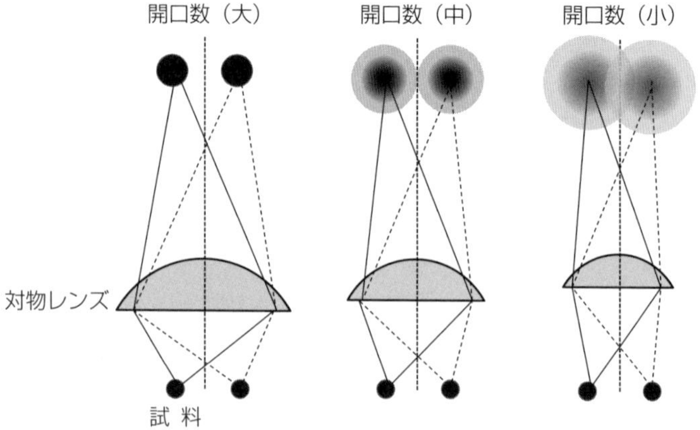

図 2.10　顕微鏡の開口数の違いによる分解能への影響

開口数が小さいと集光できる光量が少ないため，2 点の識別が困難になる.

重要な要素は，試料からの光をどれほど集められるかに依存する．**図 2.10** を見てほしい．試料の近接した 2 点からの光を多く集めることができれば，コントラストの高い点光源の像が得られ，その結果，2 点をはっきりと識別することができる．しかし，対物レンズの集光の割合が低くなると，点光源のコントラストが低くなり，2 点を識別することが難しくなる．この光をどれほど集め

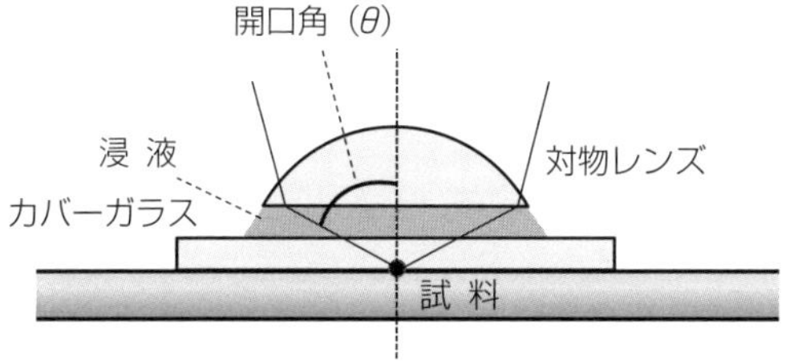

図 2.11　**開口数の求め方**

られるかは，「開口数（numerical aperture：NA）」とよばれ次式で表される（**図 2.11**）．

$$NA = n \sin\theta$$

n は試料とレンズの間の媒質の屈折率である．角度 θ は開口角といい，試料の 1 点から出て対物レンズに入る光の一番外側になる角度，すなわち光軸とレンズの有効径との角度である．

そして顕微鏡の性能を表す分解能 δ は，光の波長 λ に依存しており，以下の式で表される．

$$\delta = \frac{0.61\lambda}{NA}$$

通常の観察に用いられる媒質は，空気（n=1.0），水（n=1.33），油浸オイル（n=1.515）である．油浸オイルを用いる場合，NA の値が大きくなるため，高分解能観察に有利であることがわかる．分解能は倍率とは直接関係がないことに注意しよう．

開口数は，光をどれくらい集光できるかの指標であるため，観察される像の明るさにも影響する．この像の明るさ I は，開口数および対物レンズの倍率（M_o）を用いて，以下の式で与えられる．

$$I = I_s \times \left(\frac{NA}{M_o}\right)^2$$

I_s は試料の明るさである．すなわち倍率が大きくなると観察像は暗くなる一方，開口数が大きければ観察像は明るくなる．必要以上に倍率を上げると観察像が暗くなってしまうことを意味しており，注意が必要である．

2.4 顕微鏡の基本構成

顕微鏡は大きな金属の筐体として構成されているために，その中身はブラックボックスであり，その構成部品を一つひとつ確かめて実験することはほとんどない．しかし顕微鏡の基本構成要素は共通しており，試料を照明するための光源，光の波長を選択するためのフィルター，光を反射するためのミラー，対物レンズ，いくつかの凸レンズ，そして接眼レンズまたは検出器（カメラ）から構成されている（**図 2.12**）．このうち，光源と検出器は顕微鏡筐体のアタッチメントとして，以下で詳しく紹介する．ここでは，顕微鏡本体に含まれる構

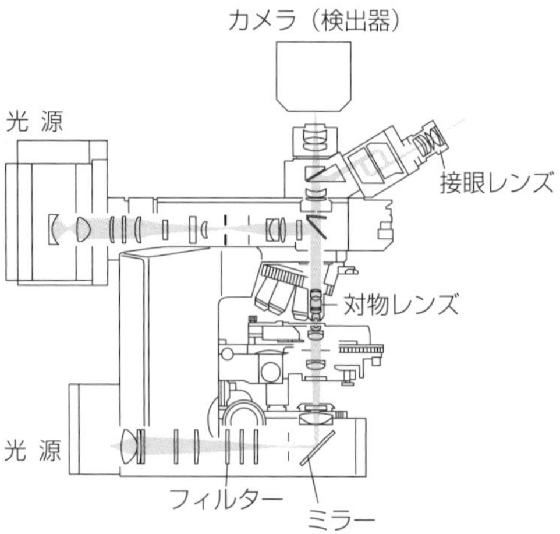

図 2.12 顕微鏡の基本構成

成部品について紹介する．

2.4.1
顕微鏡本体

対物レンズ（objective）は，観察対象から放出または散乱・回折してくる光を像として最初につくりだす重要なパーツであり，顕微鏡の心臓部に例えることができる．対物レンズにはさまざまな種類があるので，顕微鏡を理解するためには，まず対物レンズの正確な理解が必要となる．そして，観察する対象および観察方法に合わせて，対物レンズを選択する．対物レンズの特徴は性能，用途，観察方法の3つに大きく分類される．このうち性能は，レンズの収差をどの程度補正するかにより分類される．ここで収差について考えてみよう．

まず，光の屈折やレンズの形状によって，得られる像が広がったり歪んだりする．このゆがんだ実像と，理想的に得られる像とのずれを収差という．収差にはさまざまな種類が存在する．たとえばレンズの光軸に近い光と，光軸から離れた光とでは，焦点の位置がわずかにずれることがある（球面収差という，**図 2.13(a)**）．また，光軸上の光と光軸外の光の結像する位置が異なると，像が平面にならず湾曲する（像面湾曲収差という）．さらに，レンズはガラスでできているため，光の屈折の程度は波長に依存する．すなわち焦点の位置は波長ごとに異なるため，異なる波長の光を使えば焦点位置が異なってしまう（色

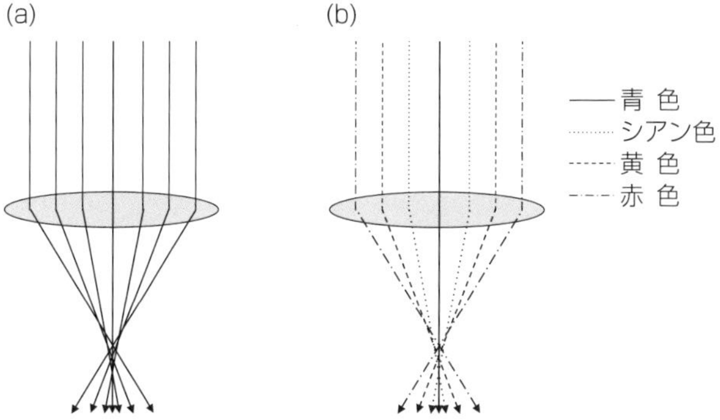

図 2.13 球面収差（a）と色収差（b）

収差という，**図 2.13(b)**）．このように，レンズの性質と用いる光の波長特性により，凸レンズ 1 枚では理想的な像を得ることが難しい．そこで，対物レンズは，凹レンズと凸レンズを組み合わせることで，このような収差を極力抑えた設計になっている．補正の程度と対物レンズの種類を**表 2.1** にまとめる．

最も収差に対する補正が良い対物レンズは，プラン・アポクロマート（PlanApo）である．当然ではあるが，補正の程度により対物レンズの価格は大きく異なるため，必要の程度に応じて選択することが重要である．

次に用途による分類について解説する．試料がむき出しで対物レンズとの間に空気のみが存在する場合は，乾燥系対物レンズが用いられる（**表 2.2**）．し

表 2.1 収差補正の程度による対物レンズの種類

対物レンズの種類	補正の程度
アクロマート（Ach：Achromat）	2 色（赤・青）の色収差を補正
プラン・アクロマート (Plan：Plan-Achromat)	2 色（赤・青）の色収差と像面湾曲収差を補正
プラン・セミアポクロマート (PlanFl：Plan-semiapochromat)	3 色（赤・青・紫）の色収差と像面湾曲収差を補正．ただし，紫に若干の色収差あり
プラン・アポクロマート (PlanApo：Plan-Apochromat)	3 色（赤・青・紫）の色収差と像面湾曲収差を補正

表 2.2 対物レンズの用途による分類

対物レンズの種類	略式記号
乾燥系対物レンズ	記載なし
液浸系対物レンズ エマルジョンオイル	Oil
液浸系対物レンズ 水	W
液浸系対物レンズ グリセリン	Gly

表 2.3 対物レンズのカバーガラスによる分類

カバーガラス厚/mm	対物レンズの種類
0.17	カバーガラスあり
0	カバーガラスなし
－	カバーガラスあり・なし共用
0.11〜0.23 （補正環付対物レンズ）	カバーガラスあり，厚さ不明

かし，一般的には，生細胞のような試料では水溶液で満たされていることが多く，また固定試料はスライドガラスとカバーガラスとに挟み込まれている場合が多い．また，カバーガラスと対物レンズの間を，オイルや水などで満たし，開口数を大きくする工夫がなされている．通常の対物レンズはガラスでできており，カバーガラス厚が 0.17 mm として光の屈折までを考慮した設計になっている（**表 2.3**）．しかし，厳密に 0.17 mm のガラス厚でない試料もときには存在する．そのときは，補正環の機能を備えた対物レンズを利用することでこうした収差を最小限に抑えることができる．

また試料を観察する以前に，どれくらいの倍率（magnification：M）で試料を観察するかを決めておかなくてはならない．低い対物レンズでは 2 倍（2×）から高いものは 100 倍（100×）以上の対物レンズもある．さらに，観察する領域が，対物レンズからどれくらい離れているか，すなわち観察領域となる試料の深さも重要であろう．対物レンズの先端から試料中の焦点位置までの距離は，作動距離（working distance：WD）とよばれる．開口数の大きい対物レンズは作動距離が短くなるため，深い試料からの情報を得ることが難しくなる．

3 つめの分類は観察方法である．生物試料の多くは透明であるため，光で観

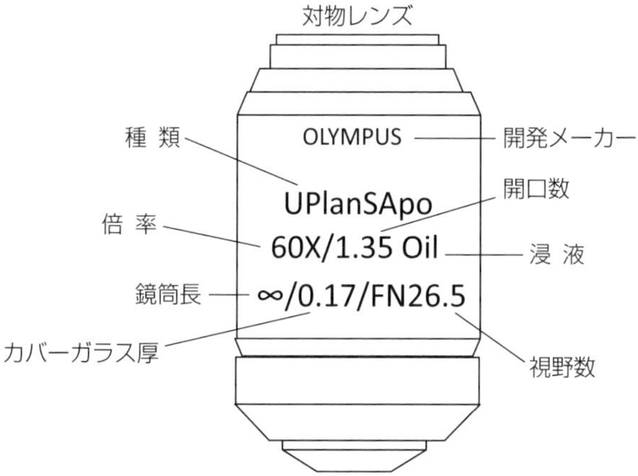

図 2. 14　**対物レンズの特性を表す表示**

視野数は接眼レンズで観ることができる像の直径（mm）を表す．

察しても何も見ることができない．そこで，透明な試料にコントラストをつける必要がある．コントラストをつけるには，後で述べるように光の波の性質を利用するのが一番容易である．対物レンズによっては，この波の性質を利用したコントラストを作成する機能があらかじめ備えられている．

こうした対物レンズの特性を表す情報は，対物レンズの側面にすべて記載されている（**図 2.14**）．メーカーごとに若干の記載方法の違いがあるので，実験前にカタログなどで確認するとよい．

2.4.2 照明系

試料に対してどのように光を照射するかは，観察される像の明るさやコントラストに大きく影響する．たとえば光源は目的により異なるが，タングステンランプやハロゲンランプが一般に用いられる．これらのランプは輝度にムラがあり，凸レンズで集光した光を試料に照射するだけでは，綺麗な画像を取得することができない．そこで現在，最も広く利用されている照明方法は，1893年にドイツのKöhlerにより発明された「ケーラー照明」とよばれる方法である．ここでは，ケーラー照明の原理について解説しよう（**図 2.15**）．

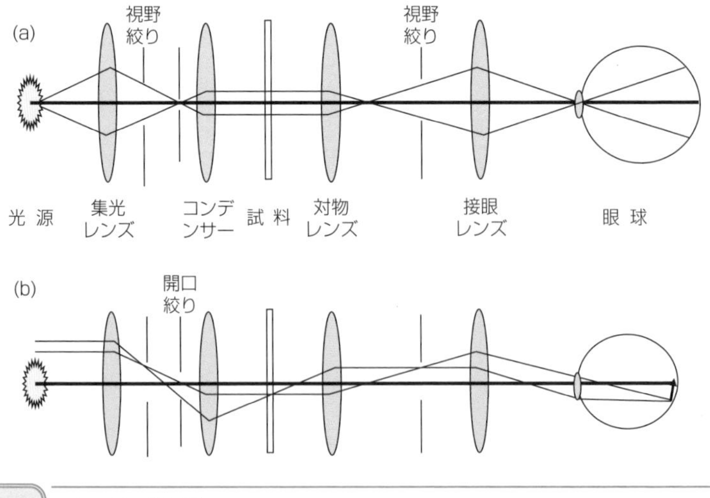

図 2.15 ケーラー照明法

(a) 視野絞りによる，(b) 開口絞りによる調整．

試料観察には，2つの重要な条件を満たさなくてはならない．一つは，観察している実際の視野領域にのみ光が当たるように調整することである．この役割は，光線を絞り込む役割をもった，視野絞り（field stop：FS）によって調節することができる（図2.15(a)）．もう一つは，分解能とコントラストを調整する開口絞り（aperture stop：AS）である（図2.15(b)）．開口絞りはコンデンサーとよばれる部品の中に含まれており，絞りの程度を自在に調節することができる．光源の像は，開口絞りの位置につくられる一方，試料面の像は視野絞りにつくられることがわかるであろう．すなわち，視野絞りと開口絞りは独立して機能しており，それぞれを適切に調整することが，ムラのない明るくコントラストの良い観察像を得るために必要となる．

2.4.3 検出器

顕微鏡観察は目視で行うことが一般的であるが，観察した画像を直接電子データとして保存する必要がある．以前は顕微鏡の鏡筒にアナログカメラを設置して写真撮影を行っていたが，現在はデジタルカメラなどを用いて直接電子媒体として保存する．ここではデータの取得と保存に重要となる検出器についての概略を説明しよう．

検出器は大きく分けて，観察画像に関する情報を一度に取得するデジタルカメラと，1点の光の輝度を定量的に取得するフォトマルチプライヤーとがある．まずはデジタルカメラについて説明しよう（**図2.16**）．

デジタルカメラには，カメラの表面にフォトダイオードとよばれる光を検出する素子が並べられている（素子の数を画素数という）．光がこの素子を照射すると，素子を構成する半導体に，光の強度に依存した電子と正孔の対が形成される．すなわち素子の下面に電子が発生する．CCD（charge-coupled device）カメラの場合には，各素子で発生した電子を，垂直方向に電圧をかけて転送する．その1次元情報を水平方向に転送することで，カメラ表面に並べられたフォトダイオードの光強度に関する情報をデジタル信号として検出することができる．

画素数は取得する画像の解像度に大きく影響する．たとえば，縦横128×

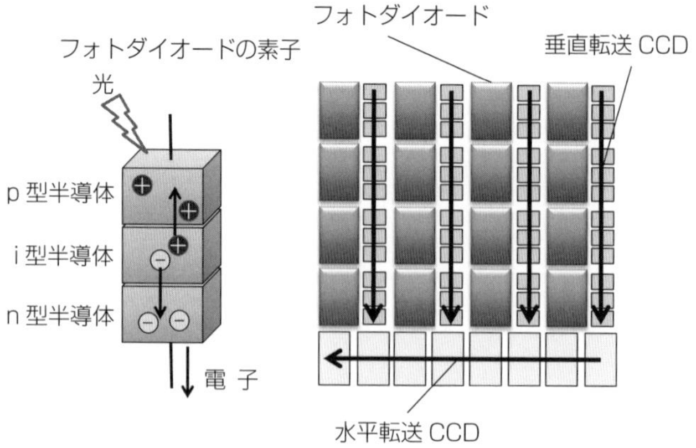

図 2.16 CCD カメラの基本原理

128 画素のカメラと 512×512 画素のカメラでは，同じ試料を顕微鏡で観察しても解像度は計算上では後者が 4 倍良い．しかし，画素が増えれば，光を電気信号に変換して読み出すために時間がかかるため，画像の取得時間は遅くなる（前例では，画素数の比率から露光時間に 16 倍＋データ転送時間が必要となる）．つまり，空間解像度と取得時間とはトレードオフの関係にあり，実験を行う以前に適切な画素数を決定する必要がある．もう一つ，デジタルカメラの特性を表す要素に，どれだけ微弱な光をノイズと識別して検出できるかという検出感度がある．カメラ表面の素子がフォトン 1 に対してどの程度電子に変換できるか（量子効率：QE という）は，デジタルカメラの感度を決める重要な要素となる．そして微弱な光を検出するためには，ノイズの影響も常に受けることを認識しておこう．ここでいうノイズとは，光が当たっていないのにカメラの回路に流れてしまう電流（暗電流）や不規則なゆらぎ成分（ショットノイズ）のことをさす．いくら素子の量子効率が高くても，回路のノイズが大きければ，シグナルはノイズに埋もれてしまう．したがってノイズを極力抑えたデジタルカメラは，微弱な光検出が可能となる．このように，カメラ明視野観察のような明るい画像の検出は問題とならないが，蛍光イメージングのような微弱な光を検出する場合には，デジタルカメラの感度とノイズは非常に重要な要素になる．

デジタルカメラはカラー画像を取得するか，モノクロ画像を取得するかに大きく分類される．カラー画像取得は，細胞や組織を色素で染色した試料を画像取得したいときに有効である．とくに多色で染色した場合には，カラー画像取得のカメラでなくては，色の違いを識別することができない．一方，カラー情報は色に関する情報を電気信号に乗せるため，情報量が多くなる．すなわち画像の所得時間は，モノクロ画像に比べて一般的に長くなることに注意が必要である．

デジタルカメラのなかでも，高感度検出のためには現在2種類のタイプが用いられている．一つは先に説明したCCDカメラ，もう一つはCMOS（complementary metal oxide semiconductor）とよばれるカメラである．いずれもカメラ素子はフォトダイオードを用いて光を電子に変換するが，その後の電気信号の読み出し方法に違いがある．この読み出し方法の違いにより，CCDカメラはCMOSカメラに比べて高感度であるといわれている．また，同じ波長領域をカバーできるが，紫外領域での光量に対する信号の直線性はCCDのほうがよいとされている．またCMOSは高速に動く画像の取得は苦手とされていた．しかし最近は，こうしたCMOSの欠点が克服されており，CCDを凌駕するカメラとして大きく注目されている．

もう一つの検出器であるフォトマルチプライアーは，光信号を電気信号に変換するとともに，ダイノードとよばれる装置でそのシグナルを増幅し，高感度検出する検出器である（**図2.17**）．フォトマルチプライアー単独では画像を取得することができないが，後で述べる共焦点レーザー走査型顕微鏡のように，

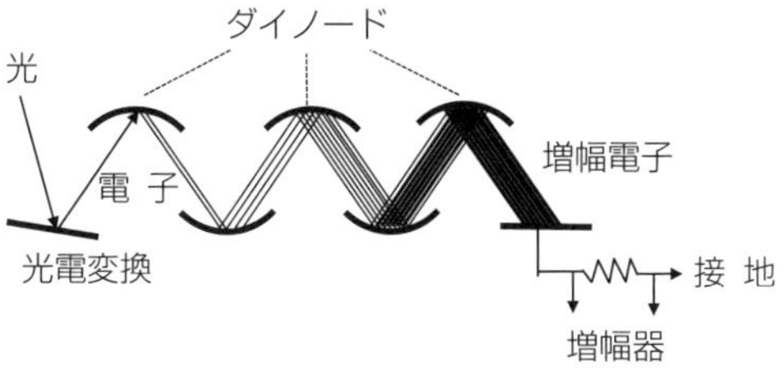

図2.17　**離散ダイノード型フォトマルチプライアー**

ダイノードは二次電子を放出する機能を有しており，高い電圧に保たれている．

絞り込んだ光が試料を2次元に走査して，その各点の輝度情報を取得し，画像全体のモノクロ画像を取得する方法がある．このようなシステムではいわゆるカメラは必要なく，より微弱な光を検出できるフォトマルチプライアーが検出器として用いられている．デジタルカメラの検出原理とは根本的に異なることを理解しておこう．

2.5 コントラスト作成

透明な試料を何らかの方法で染色することにより，通常の明視野観察で試料を観ることができる．しかし，染色は特定の生体分子や構造体のみを染めることが一般的であり，細胞の全体像を観察することにはならない．細胞の複雑な構造体を無染色で観察するためには，光の屈折率の違いを利用してコントラストを作成する方法が一般的に用いられる．以下，その代表的な方法について紹介しよう．

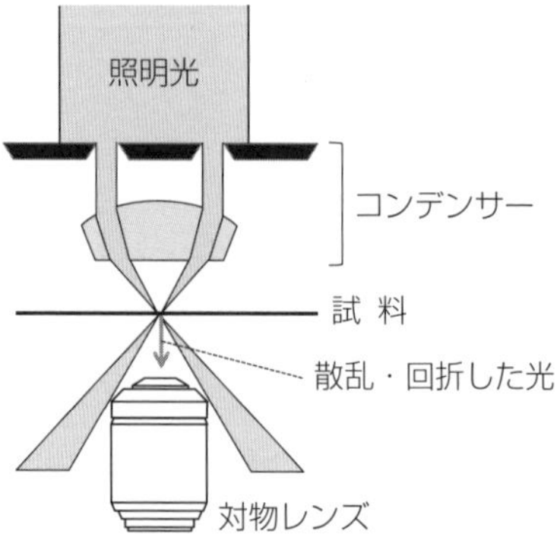

図 2.18 暗視野観察法の基本構成

暗視野観察法（dark field：DF）──1903年にZsigmondyにより発明された観察方法であり，バクテリアや藻類の検出によく用いられている．対物レンズの開口数より大きな開口数をもったコンデンサーでリング状に試料の側面から光を照射する（**図 2.18**）．リング状の光は試料をそのまま透過すると，開口数が大きな光は，対物レンズに集光されず外に放射される．試料によって散乱または回折した光のみが対物レンズに集光されて像を形成する．したがって，背景光は暗色となり，試料の像が明るく浮かび上がって観察される．

位相差観察法（phase contrast：PCまたはPH）──1935年にZernike（1953年にノーベル物理学賞受賞）により考案された観察方法である．照明光が試料を通過するとき，試料によって回折した光と照明の直接光とに光路差（Δ）が生じる．この光路差から光の干渉によって明暗のコントラストが得られる（**図 2.19**）．顕微鏡には，コンデンサーの前側焦点位置に，リング状に光が透過するようなプレート（リングスリットという）を置く．リングを通過した直接光は試料を通過して，直接光と回折光が対物レンズに集められる．コンデンサーからのリング状の直接光は，対物レンズに設置された黒色のリング（位相板という）により光の位相をずらすはたらきがある．もし試料がなければ，すべての光が位相板を通過するが，位相のずれはないため，視野が均一に明るく見える．一方，光路に試料が置かれると，直接光に加えて，試料により進行方向が

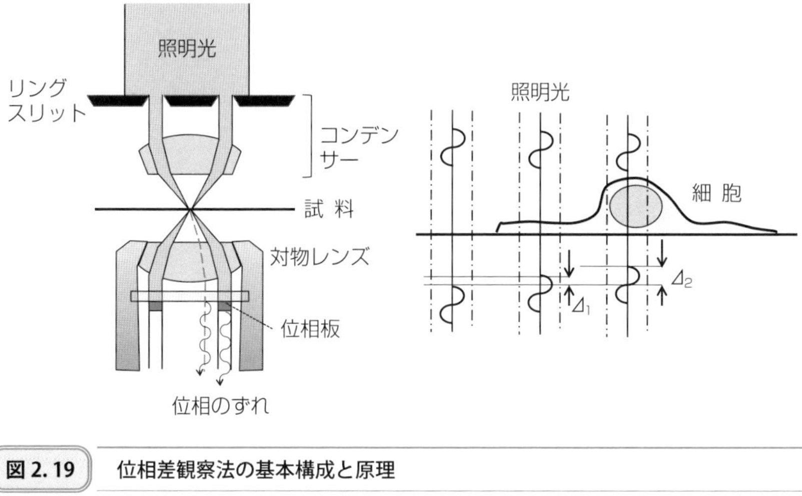

図 2.19 位相差観察法の基本構成と原理

変わった光（回折した光）が対物レンズに集光される．この回折光は，直接光に比べて，原理的に 1/4 波長だけ遅れることが知られている．そこで，直接光の光を 1/4 波長だけ進めたり，遅らせることによって，回折光との光を弱め合ったり，強め合ったりさせることができる．このようにして，試料の回折の程度により，透明試料に明暗のコントラストをつけることができる．

微分干渉法（differentia interference contrast：DIC）──1954 年に Nomarski が開発した方法である（**図 2.20**）．微分干渉法は，照明光が試料を通過するときに発生する光の位相差（Δ）を利用して，透明な試料の像に明暗のコントラストをつける方法である．顕微鏡のコンデンサーの前に偏光板をとりつけ，光源の光を直線偏光とする．この直線偏光は，ウォラストン（Wollaston）プリズム（微分干渉プリズムともいう）とよばれる特殊な媒質のプリズムを通過させると，互いに直交した 2 つの直線偏光に分離される．この 2 つの光が試料を通過すると，それぞれの偏光の波面が影響を受けることになる．この 2 つの偏光を対物レンズで集光して，再度ウォラストンプリズムにより合成する．このとき，2 つの光の波面のずれに応じた干渉が起こるため，観察像に濃淡が発生する．微分干渉観察では，あたかも試料に斜め上から光が当たったかのような影ができ立体的に見える．しかし，この影は実際の試料の形状とは異なるこ

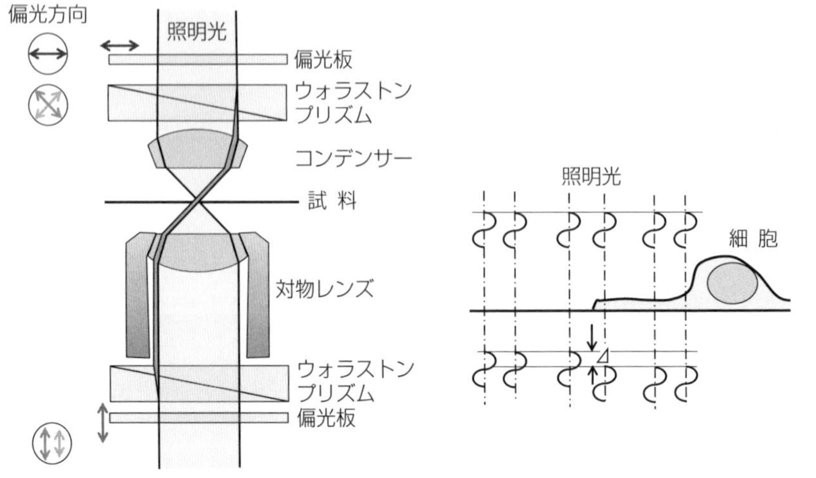

図 2.20 微分干渉法（DIC）の基本構成と原理

と，また試料の方向によっては，このような影が見えにくいこともある．またプラスチックディッシュでの観察はできないので，観察には注意が必要である．

レリーフコントラスト法（relief contrast）──1974年にHoffmannにより開発された方法で，比較的大きな細胞や組織などの厚みのある試料の観察に適した方法である．コンデンサーの前側焦点面の光軸から外れた位置に，矩形のスリットを設置し，光を透過させる．一方のスリットの片側側面には1枚の偏光板が，そしてその手前にもう1枚の偏光板が置かれている．この2つの偏光板とスリットを通過した光が試料に照射され，変調を受けた光を対物レンズで集光し，モジュレーターとよばれるスリットで像を形成する．微分干渉法と同じような像に影がつくられる．また，プラスチックディッシュでも観察できる利点がある．

2.6 時間分解能と空間解像度

イメージングの画像を取得するうえで，もう一つ心得ておきたい知識がある．それが，イメージング画像の空間解像度と画像取得に必要な時間分解能である．バイオイメージングの最大の特徴は，細胞や生体内の空間的な分子情報が時間経過とともにどのように変化するかを追跡できる点にある．たとえばCCDカメラで撮影したイメージングデータはすべてデジタル情報であり，1枚の画像には2次元平面上の各点における輝度に関する情報が含まれている．このデジタル画像を構築する均等な大きさに分割されたユニットを「ピクセル」とよび，単位長さあたりのピクセル数を解像度とよぶ（**図2.21**）．画像の最大ピクセル数は，その画像を撮影するのに使用したカメラに依存する．たとえば，CCDカメラのフォトダイオードが1024×1024個のピクセルから構成さ

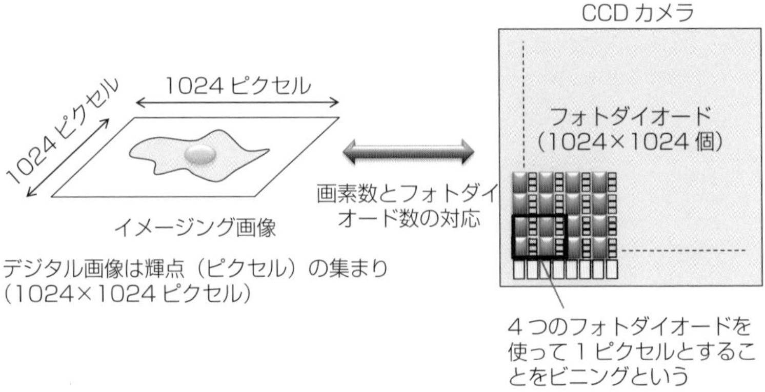

図 2.21 画像の解像度

れている場合（カメラ側のフォトダイオードもピクセルという），そのまま画像を取得すればイメージング画像は1024×1024ピクセル画像となる．しかし，光の強度が弱くノイズが大きい場合には，フォトダイオード4個（2×2個）を使って光を受光し，そのシグナルを1ピクセル画像で表示することができる．このような操作をビニングといい，検出感度が足りないときにしばしば用いられる．ビニング操作を行えば，当然画像の解像度は落ちることになる．しかし2×2のビニングを行えば感度は計算上4倍となるため，原理的には4倍高速に測定することができる．画像の解像度と測定時間とはトレードオフの関係にあり，どちらを優先するかは実験系に依存する．

画像中の各ピクセルは試料の特定領域を表しており，その領域の平均化された信号強度の値がグレースケールで表示される．一般に，弱い光の部分は暗く（黒く），強い光は明るく（白く）なる．検出器が収集できる光子数には限度があり，いったんその限界に達するとそのピクセルは飽和してしまう．飽和したピクセルからは定量性において正確なデータを得ることができない．この検出器が飽和する前にどれだけ多くの光子を収集できるかを「ダイナミックレンジ」とよぶ．ダイナミックレンジが広いほど，コントラストの高い画像を得ることができる．グレースケールはコントラストが大きいので，単色の画像表示であれば，色を付けずにグレースケールのまま結果を示すのがよい．しかし，バイオイメージングでは複数の生体分子やシグナルを1画像中に重ねて表示することがしばしばある．このような場合には，各蛍光物質の蛍光色と類似の疑似カラーで表示され，ピクセルの信号強度はその色の強さで表示される．信号強度の値は試料の特定領域から放出され，カメラで検出された光子数に比例している．多くの場合，カメラはヒトの目で見るより高画質な画像を取得できるが，これはカメラのほうが高感度であり，広いダイナミックレンジを有しているためである．このように，1 枚の画像はピクセル数と輝度に関する情報が乗っており，これが画像の質（データ量）を決定している．

もう一つは時間分解能である．蛍光顕微鏡で生体試料をイメージングするとき，プログラム（マクロという）を組んでしまえば，後は自動で画像を取得できる．このとき，必要以上に時間間隔を短くして大量の画像を取得すると，画像データが膨大となってしまう．膨大な画像を保存すること自体は大きな問題にならないが，画像処理やデータ解析に膨大な時間を費やすこととなる．また，蛍光イメージングでは励起光による蛍光分子の褪色を常に考慮しなくてはならない．そのため，必要以上の時間分解能で余計に画像を取得することは避けるとよい．

2.7 ノイズとバックグラウンド

ノイズおよびバックグラウンドはどちらも画像の質に大きく影響する因子である．一般的に，ノイズとはイメージング装置に由来した不安定な蛍光のゆらぎで定義され，その起源は励起用光源の強度のゆらぎ，カメラの電気的ノイズ，試料外から漏れ込む光ノイズ（迷光）などが挙げられる．たとえば，水銀ランプやキセノンランプは，ランプ点灯から 15 分ほど待ってから使用するとよい．これは，ランプ点灯直後は光強度が安定せずちらつくことが知られているためである．またカメラは電子を転送する際に電気的ノイズを発生するが，

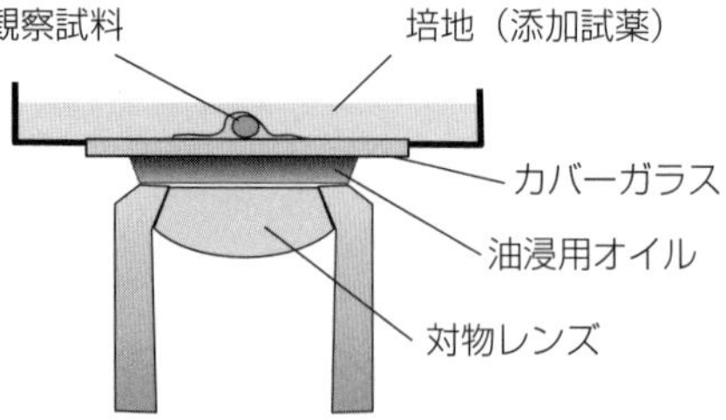

図 2.22 バックグラウンド蛍光の起源

これは冷却することで減弱することができる．したがって高感度な蛍光画像を取得する場合には，冷却 CCD カメラが用いられる．

一方，バックグラウンドは，試料やガラスプレート，また細胞溶液の自家蛍光に由来する非特異的な蛍光のことをいう（**図 2.22**）．また油浸用対物レンズを用いるときは，オイルからの自家蛍光もバックグラウンドとなる．

ノイズとバックグラウンドのどちらが観察に支配的となるかは，測定系に大きく依存する．一般的にノイズは測定回数を増やすことで低減することが可能である．一方バックグラウンドは，測定系を工夫することで抑制することができる．後に述べる 1 分子蛍光観察のための全反射蛍光顕微鏡は，バックグラウンドを抑制することで 1 分子の蛍光測定を可能にする一例である．

Chapter 3

蛍光イメージング

本章では，蛍光分子の種類と蛍光分子を用いたプローブについて，原理と応用について解説する．そして，蛍光プローブを用いてどのようにイメージングを行うか，その基本的な取扱いについて紹介する．

3.1 蛍光分子

蛍光分子とは，ある特定の波長の光を吸収すると，特定波長の光を放出する特性をもった分子の総称である．蛍光分子は大別すると，有機分子からなる蛍光性分子，無機材料によってつくられた蛍光分子，および蛍光タンパク質に大きく大別される（**図 3.1**）．蛍光性を示す有機分子は 100 年以上も前から見いだされており，天然に存在する代謝産物にもさまざまな蛍光性を示すものがある．イメージングに用いられる無機材料の蛍光分子は，量子ドットとよばれる CdSe や ZnS など金属を含む材料がナノ粒子として活用され始めたのがきっかけであり，比較的新しい材料といえよう．蛍光タンパク質は後に述べるように，その発見は 1962 年の下村 脩（2007 年ノーベル化学賞受賞）の緑色蛍光タンパク質（green fluorescent protein：GFP）の発見が端緒となるが，イメージングに応用されるのは 1990 年以降となる．いずれも，長所と短所があるため，目的に応じた使い分けが必要である．それらの特徴を理解する前に，蛍光

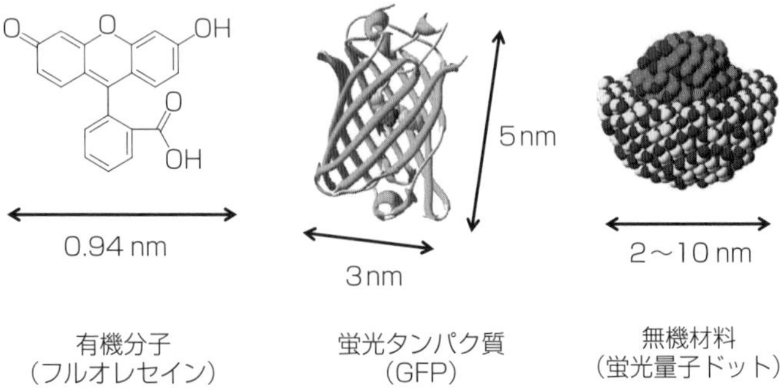

図 3.1 さまざまな蛍光分子

【出典】M. Jacoby, *C & EN*, December 12, 31 (2011).
カラー図は口絵 2 参照.

の基本原理を押さえておこう．

フルオレセインの蛍光特性については，Chapter 1で詳細に解説した．他の蛍光性の有機小分子も同様の原理で蛍光の原理を説明することができる．一方，無機材料からなる蛍光性物質は，分子構造にゆらぎがなく，有機分子で考慮されるような振動エネルギーはほとんど存在しない．そのため，無機材料の光吸収スペクトルと蛍光スペクトルは，有機分子に比べて急峻なピーク形状を示す（**図3.2**）．また量子ドットは，サイズが小さいと短波長の発光を，またサイズが大きくなるにつれて発光が長波長側にシフトする特性がある．

蛍光タンパク質は，もとをたどれば緑色蛍光タンパク質（GFP）に端を発する．GFPは238アミノ酸から構成され，11回のβシートが缶構造をとり，その上下は短いαヘリックスにより蓋をされたような構造をとっている（**図3.3**）．蛍光分子は，65番目のセリン（Ser），66番目のチロシン（Tyr），67番のグリシン（Gly）をつなぐペプチド結合が五員環を形成することで，アミノ酸側鎖のπ電子と共役系をつくる．この蛍光分子は缶構造の中心にあり，化学的に安定した構造体を形成している．GFPの蛍光分子のアミノ酸を変えるとともに，その周辺環境のアミノ酸に変異を加えることで，さまざまな発光特性を有する蛍光タンパク質が利用できるようになった．さらにGFPのような蛍光タンパク質は，現在さまざまな生物種から見いだされており，発光波長の拡張が進んでいる（**図3.4**，**表3.1**）．また，後に述べる超解像蛍光顕微鏡で用いられる要素技術となるが，タンパク質がつくられたときは非蛍光でありなが

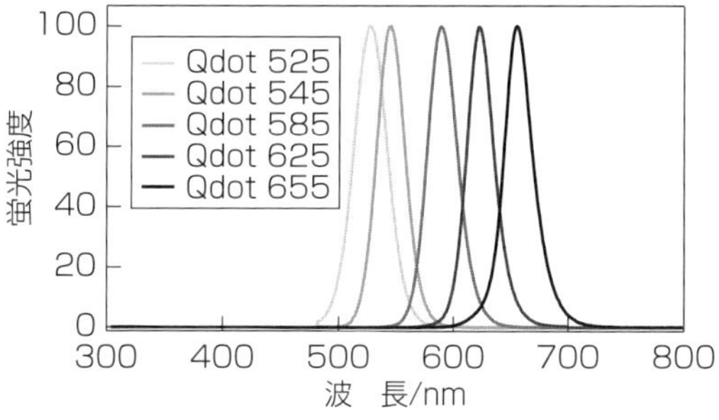

図3.2　量子ドットの発光スペクトル

カラー図は口絵3参照．

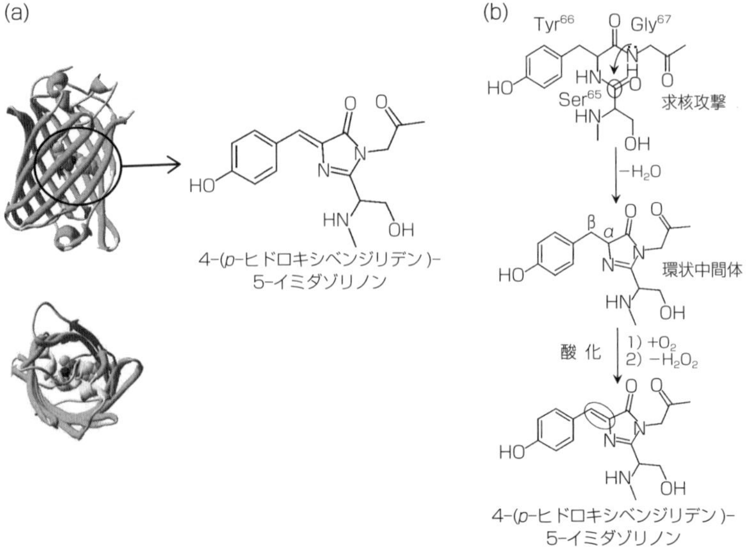

図 3.3　**GFP タンパク質の構造（a）と蛍光団の形成メカニズム（b）**

図（a）のカラー図は口絵 5 参照.

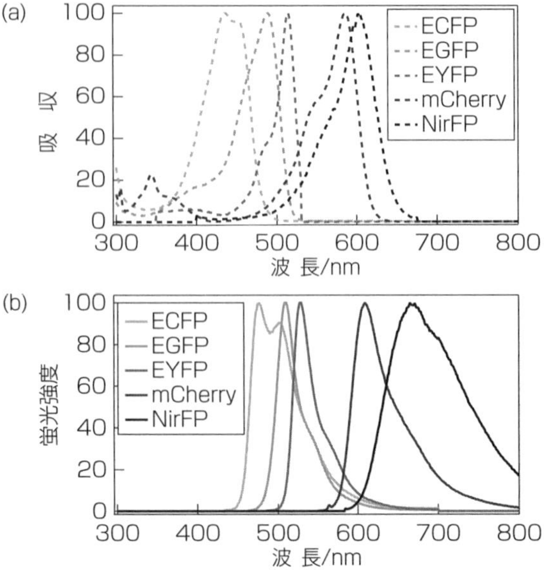

図 3.4　**さまざまな発光色を示す蛍光タンパク質**

カラー図は口絵 4 参照.

表 3.1　さまざまな発光色を示す蛍光タンパク質とその特性

	EBFP	ECFP	TagGFP	EGFP	EYFP	Venus	mCherry	tdTomato	Turbo-RFP	mNeptune	NirFP
蛍光色	青	青	緑	緑	黄	黄	赤	赤	赤	深赤	深赤
励起波長 λ_{ex}/nm	380	433	482	488	513	515	587	554	553	600	605
蛍光波長 λ_{em}/nm	440	475	505	509	527	530	610	581	574	650	670
吸光係数 / $M^{-1}\ cm^{-1}$	29,000	26,000	58,200	56,000	83,400	92,200	72,000	138,000	92,000	67,000	15,700
量子収率	0.31	0.40	0.59	0.60	0.61	0.57	0.22	0.69	0.67	0.20	0.06
輝 度	8.9	10.4	34.3	33.6	50.9	52.5	15.8	95.2	61.6	13.4	0.9
pK_a	2.7	4.7	4.7			6.0	<4.5	4.7	4.4	5.4	4.5
構 造	単量体	単量体	単量体	単量体	単量体	単量体	単量体	単量体	二量体	単量体	二量体
検出時間							15 min	1 h			

ら，光を照射すると蛍光性になるような，photo-activatable GFP（PA-GFP）が開発されている（**図 3.5**）．さらに光照射により発光波長が緑から赤に変わる蛍光タンパク質や，2つの異なる波長の光で蛍光の on/off をスイッチングできるような蛍光タンパク質も開発されている．このような特殊な特性を有する蛍光タンパク質は第2世代の蛍光タンパク質（第1世代は蛍光波長特性の改変）といわれており，イメージング研究において重要なツールとなっている．

次に，それぞれの蛍光分子にどのような特性があるかについて説明しよう．有機蛍光分子は，長い歴史から非常にさまざまなスペクトル特性を示す分子が開発されている．したがって，量子効率がきわめて高い分子，ストークスシフトの大きな分子，近赤外領域に発光を示す分子など，実験系に応じて選択することができる．また溶解性を選択できる点も有機蛍光分子の特徴といえよう．この特徴を利用して，細胞内の特定のオルガネラや膜に局在させたり細胞質に分散させることができる．またさまざまな官能基を導入して分子デザインできる点も，有機蛍光プローブの特性であり，今も精力的に開発が進められている．一方，量子ドットに代表される無機材料蛍光分子は，光安定性が高いこと

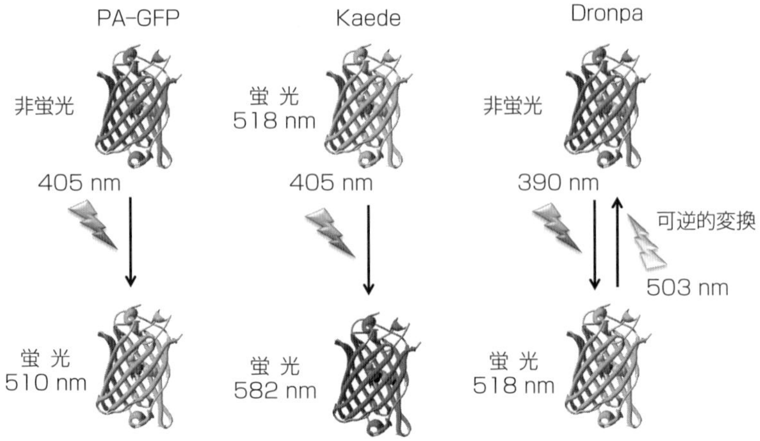

図 3.5　第 2 世代の蛍光タンパク質

カラー図は口絵 6 参照.

が大きな利点となる．一般に有機蛍光分子は蛍光タンパク質を含め，強い光を当てると分子が壊れて褪色してしまう性質がある．量子ドットはこの点，長時間の安定的な発光が得られるため，強い励起光を必要とするような 1 分子観察などに用いられる．また，発光波長は量子ドットの大きさに依存することが知られており，サイズが大きくなると長波長発光となる．スペクトル線幅が狭いことから，サイズを変えることにより，1 細胞内で多色観察もできる特徴がある．一方，蛍光タンパク質は，生命科学者に最も広く利用されており，汎用性が高い．その大きな理由は，蛍光タンパク質は遺伝子にコードされている点にある．すなわち蛍光タンパク質に直接修飾したりする必要はなく，すべて遺伝子レベルで融合タンパク質をつくったり，アミノ酸変異を加えたり，さらには動植物のゲノムに組み込んだりと，生命科学への応用が更なる可能性も含め大きいことが挙げられる．こうした特徴を理解したうえで，どのような蛍光分子を利用するのがよいかを判断することとなる．

3.2 蛍光プローブ

蛍光分子単独で細胞観察に用いられることはきわめてまれであり，一般的には蛍光分子に修飾を施したプローブとよばれる分子（蛍光プローブという）が用いられる．すなわち蛍光プローブとは，有機蛍光分子や蛍光タンパク質を修飾・改変することで，特定の細胞内小器官を染色したり，イオンや代謝分子を検出したり，タンパク質のリン酸化や相互作用のようなシグナルを検出する分子のことをいう．特定分子の検出やタンパク質を検出するプローブは一般に，「分子認識」と「情報変換」の 2 つの機能を備えている．たとえば Ca^{2+} を検出する Fura-2 分子の場合には，分子認識に Ca^{2+} キレート分子である EGTA が用いられ，EGTA が Ca^{2+} をキレートした情報が蛍光分子の励起光スペクトル変化として検出される（**図 3.6**）．同様の原理を用いて，情報変換を蛍光のスペクトル波長変化として検出することも，また蛍光の on/off による変化としても検出可能である．スペクトル変化を伴う場合には，2 つの異なる波長における光強度変化を観察することで定量的な情報が得られることを覚えておこう．1 波長による光強度変化は，蛍光分子の量が細胞内で測定困難であり，さらに測定中に蛍光が褪色したりするため，一般的に細胞内での定量は難しい．

3.2.1 有機蛍光プローブ

有機蛍光プローブは，特定の分子認識と情報変換に基づくプローブが最も盛んに開発されている．そのほかにも，電荷を利用した二相分配に基づくオルガネラ染色がある（**図 3.7**）．ミトコンドリアはアルカリ性環境下にあるため，アミンのような官能基をもつ塩基性のプローブは，ミトコンドリアに取り込まれやすい．さらにミトコンドリアは二重膜構造からなっており，ミトコンドリ

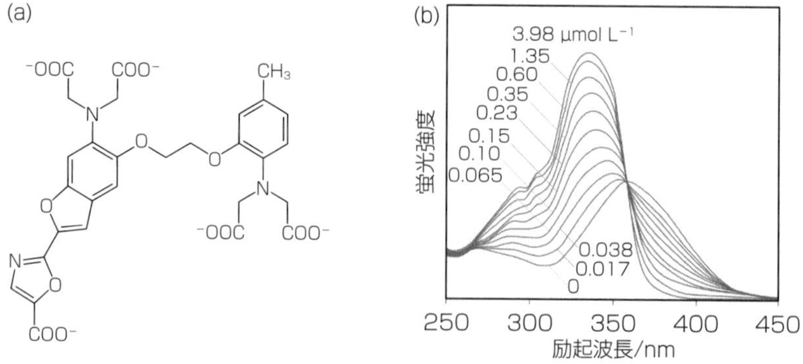

図 3.6　Ca^{2+} 蛍光プローブ Fura-2 の構造（a）と励起スペクトル（b）

励起スペクトルは波長を変化させたときの蛍光強度をグラフ化したものである．グラフ内の数値は Ca^{2+} 濃度．

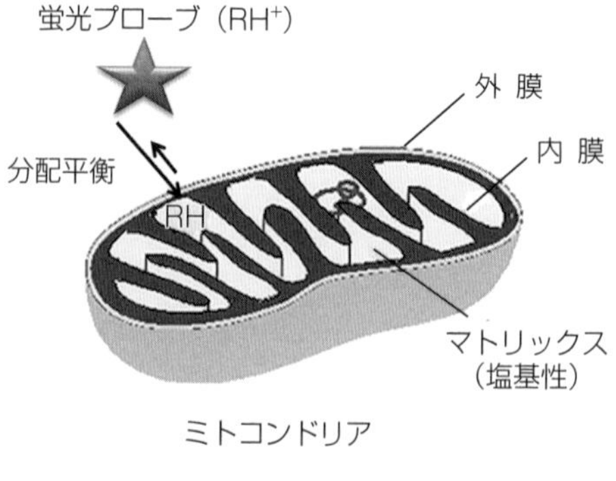

図 3.7　二相分配に基づくミトコンドリア染色蛍光プローブ

ア内膜の内側と外側では，pH が異なる．二相分配の基本原理から，容積の小さいミトコンドリア内膜の内側は蛍光分子が濃縮されやすい環境にある．結果として，塩基性官能基を有する有機蛍光プローブは，ミトコンドリアを選択的に染色することが可能となる．

また，分子認識はキレートのような可逆的な分子認識だけでなく，不可逆的な化学反応を利用するプローブもある．たとえば，一酸化窒素のような活性酸素を検出するプローブは，有機分子との化学反応により蛍光団の構造が変化し，結果として無蛍光から発光したり，スペクトル波長が変化したりする．不可逆的な蛍光プローブは，特定の細胞をラベルしたりする場合にはきわめて有効にはたらくが，細胞内シグナルの継続モニタリングを行いたいときには，利用に注意が必要である．

3.2.2 蛍光タンパク質プローブ

蛍光タンパク質プローブはさまざまな応用があり，現在もそのプローブ開発が盛んである．まずは Ca^{2+} 検出プローブを例に，その分子デザインを紹介しよう（**図 3.8**）．Ca^{2+} を検出する蛍光タンパク質プローブは，大別すると波長可変型と強度可変型の 2 種類がある．波長可変型の蛍光プローブは，異なる蛍光色を示すシアン蛍光タンパク質（CFP）と黄色蛍光タンパク質（YFP）を用いる．Ca^{2+} の分子認識には，Ca^{2+} 結合タンパク質の一つであるカルモジュリン（CaM）を用いる．カルモジュリンは Ca^{2+} を 4 つ結合すると，構造が大きく変化して塩基性のペプチド（M13）と相互作用する．そこで，カルモジュ

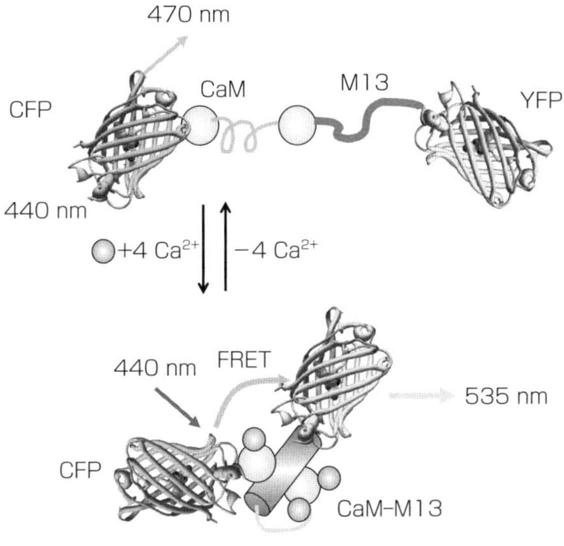

図 3.8 GFP 変異体を用いた Ca^{2+} 蛍光プローブ

リンとこのペプチドを連結し，さらにその両末端にCFPとYFPを連結する．Ca^{2+} 非存在下では，CFPとYFP間は離れているため，CFPを励起するとシアン色の蛍光が観察される．しかし，Ca^{2+} 濃度を上げるとカルモジュリンが Ca^{2+} を結合し，プローブの構造が大きく変化する．その結果，CFPとYFP間の距離と配向が変わり，CFPの励起エネルギーの一部がYFPに移動する．この現象を蛍光共鳴エネルギー移動（FRET）とよび，その効率は以下の式で与えられる．

$$E = \left[1 + \left(\frac{r}{R_0}\right)^6\right]^{1/6}$$

$$R_0 = [8.8 \times 10^{23} \kappa^2 n^{-4} Q_d \times J]^{1/6}$$

$$\kappa^2 = (\cos^2 \theta_T - 3 \cos \theta_A \cos \theta_D)^2$$

E：FRET効率，R_0：フェルスター（Fërster）距離，r：ドナーとアクセプター間の距離，κ^2：配向ファクター，n：屈折率，Q_d：ドナーの量子収率，J：ドナーとアクセプターの重なり積分，θ_T，θ_A，θ_D は蛍光分子の双極子モーメントがとる角度（**図3.9**参照）．

結果として，CFPの光で励起してもYFPの蛍光が観察される．このように蛍光スペクトルは Ca^{2+} 濃度により大きく変化するため，細胞内の Ca^{2+} 濃度のよい指標となる．

もう一つのデザインは，蛍光タンパク質の蛍光分子近傍に，カルモジュリン

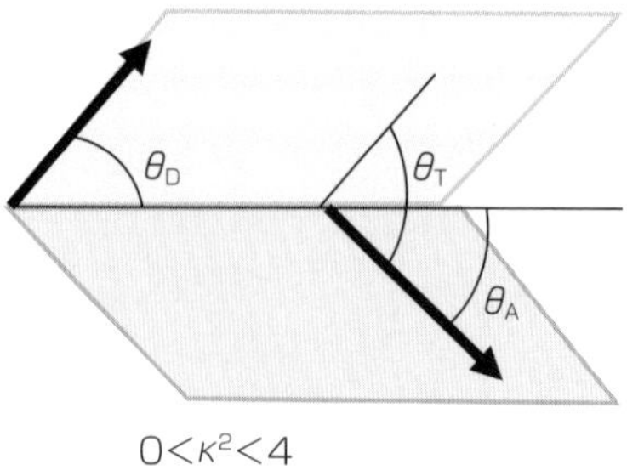

図3.9　蛍光共鳴エネルギー移動の原理

矢印は蛍光分子の双極子モーメントを表す．

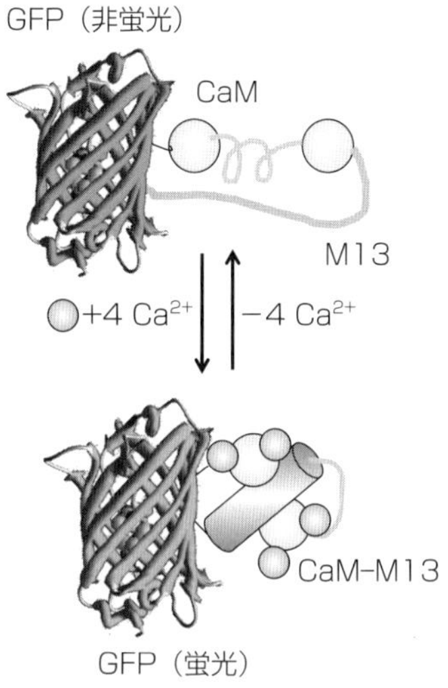

図 3.10　GFP の蛍光強度変化を利用する Ca^{2+} 蛍光プローブ

タンパク質を挿入する方法である（**図 3.10**）．カルモジュリンが Ca^{2+} を結合すると蛍光分子近傍の環境が変わるため，蛍光が off から on になる．このようなプローブのデザインは遺伝子工学の技術を駆使して今も改良が進められ，さらなる感度の向上や長波長型プローブの開発が進められている．また，プローブをコードする遺伝子をマウスなどのゲノムに組み込んだ動物が作製されており，動物個体内の神経活動が顕微鏡下でリアルタイムに観察可能となっている．

さて，FRET プローブの検出原理に戻ろう．蛍光分子の特性で述べたように，蛍光分子には褪色という性質があり，強度を観測するときには常に褪色の影響を考慮しなくてはならない．これは長時間の観察ではとくに問題となり，誤った結果を招く可能性を秘めている．そこで，光の強度測定ではなく，励起状態のライフタイム（寿命）を測定する方法がある．CFP の蛍光のライフタイムは，単独では数ナノ秒であるが，YFP にエネルギー移動が起こると，励起状態のライフタイムがエネルギー移動に伴い短縮することになる．そこで，このライフタイムをモニターすることで，より定量的な分子情報を取得することが可能となる．このような測定を fluorescence lifetime imaging microscopy

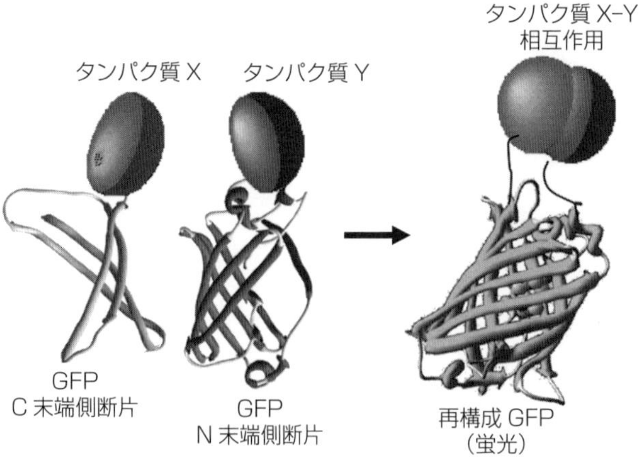

図 3.11 **二分割 GFP の再構成法**

GFP の再構成によりタンパク質間の相互作用が検出できる.

(FLIM) とよんでおり，近年は FLIM に特化した顕微鏡が市販されている.

蛍光タンパク質を利用するもう一つの重要な応用に，二分割 GFP 再構成法がある（**図 3.11**）．これは，GFP をある特定の位置で二分して，蛍光性をもたないフラグメントを用意する．もしこの 2 つのフラグメントが近接すると，GFP が正しくフォールディングして，蛍光分子が形成される．そこで，この 2 つのフラグメントを相互作用するタンパク質に連結すると，タンパク質が相互作用したときに GFP が形成されて蛍光を観察することができる．すなわち，タンパク質間相互作用が起きたという現象を，GFP 再構成による蛍光シグナルとして検出することができる．この GFP 再構成法は，タンパク質間相互作用だけでなくタンパク質の局在や翻訳後修飾の検出に用いられており，細胞内シグナルを検出する技術の一つとして盛んに用いられるようになった.

3.2.3 蛍光分子ラベル化法

無機材料の量子ドットには優れた特性があることを述べたが，量子ドットは分子認識と情報変換を兼ね備えた蛍光プローブ開発には不向きである．これは，量子ドットそのものが蛍光体であり，その発光特性を分子認識などで変え

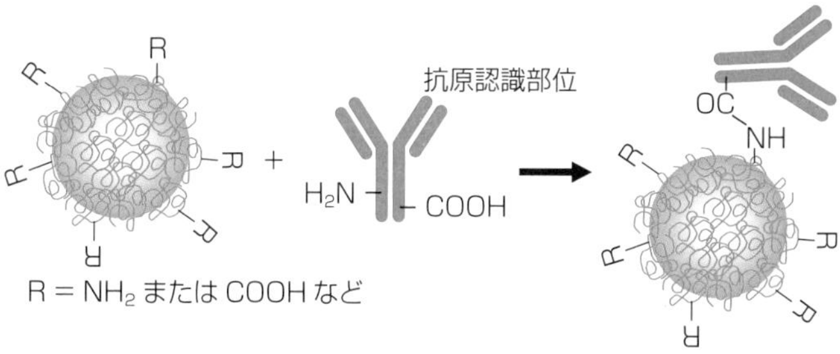

図 3.12　**量子ドットによる抗体のラベル化**

ることは容易ではないためである．しかし，量子ドットはその表面を有機分子や高分子ポリマーでコートすることにより，化学的に修飾することができる．そこでこの化学的な修飾を介して，量子ドットと特定のタンパク質を連結すればさまざまな蛍光イメージングに応用が可能になるであろう．たとえば，最も代表的な応用例の一つは，抗体を量子ドットで標識し（**図 3.12**），抗体が認識する生体分子を蛍光イメージングする方法である．抗体は標的とする生体分子に強い親和力を有するため，見たい生体分子を量子ドットの蛍光で観察することができる．量子ドットは長時間安定した強い蛍光を示すため，細胞膜レセプターの 1 分子観察に応用されている．一方，量子ドットを連結した抗体は，そのサイズが大きい多めに細胞膜を透過することができない．細胞内への導入はマイクロインジェクションなどの物理的な導入法を用いるのが一般的である．

　また新たな技術として，特定のタンパク質に小さな有機分子を共有結合で連結するリアクティブタグという方法が開発されている．これは，細胞に蛍光性の有機小分子を添加すると，調べたいタンパク質が有機小分子を認識し複合体を形成する．その後に光照射などを加え，有機小分子とタンパク質とを光反応で共有結合により標識する技術である．高度な技術でタンパク質一般に応用できるものではないが，選択性が高く，一度タンパク質を蛍光標識すると外れることなく安定して蛍光観察できるメリットがある．また有機分子プローブには膜透過性があるものも多く，原理的には細胞内のタンパク質もターゲットとすることができる利点を有している．

3.3 蛍光イメージング法

用いる蛍光分子が決まったら，細胞や動植物組織に蛍光分子を導入（遺伝子発現）した試料を作製し，顕微鏡での観察を行う．蛍光顕微鏡にはさまざまな種類があり，試料の大きさ，観察対象，時間分解能，必要とする解像度などによって使い分ける．蛍光顕微鏡を用いる利点の一つは，高感度で検出できる点にある．以下に述べる超解像蛍光顕微鏡を用いれば，数十 nm の細胞内微細構造を観察することが可能である．また全反射蛍光顕微鏡を用いれば，生体分子1個を観察することができる．また蛍光顕微鏡は時間分解能にも優れており，蛍光強度が十分に大きければ数 ms の観察が可能である．さらに蛍光強度変化から定量的な分析に応用が可能である．前記したように Ca^{2+} 蛍光指示薬のような，異なる2波長を用いた測光により，標的とするイオンや分子の絶対濃度を細胞内で決定することが可能である．最後に，複数の対象を同時に検出・可視化できることも蛍光イメージングの重要な特徴である．蛍光スペクトルの重ならない領域を用いることで，異なる生体分子やシグナルを1つの細胞や組織で同時に観察することが可能である．こうした蛍光顕微鏡の優れた特徴を活かしたイメージング技術として，ここではまず，一般的な蛍光イメージングを行うための蛍光顕微鏡について概説する．

蛍光顕微鏡は，通常の光学顕微鏡のシステムに，蛍光観察のための投光管を設置する（**図 3.13**）．投光管は蛍光分子を励起して，試料から放射される蛍光を接眼レンズまたはカメラに導くためのフィルターなどで構成されている．実際，蛍光分子を励起するための高輝度光源が必要となる．一般的には水銀ランプやキセノンランプが用いられるが（**図 3.14**），高強度を必要とせず安定性やランプ寿命を重視するならば，ハロゲンランプやLED が用いられる．水銀ランプは，水銀の輝線に強い光度を有しており，蛍光分子の励起波長と合えば良

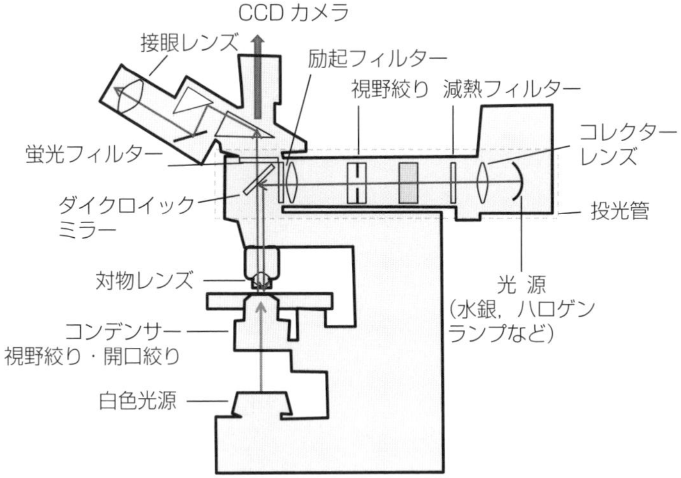

図 3.13 蛍光顕微鏡の基本的な構成

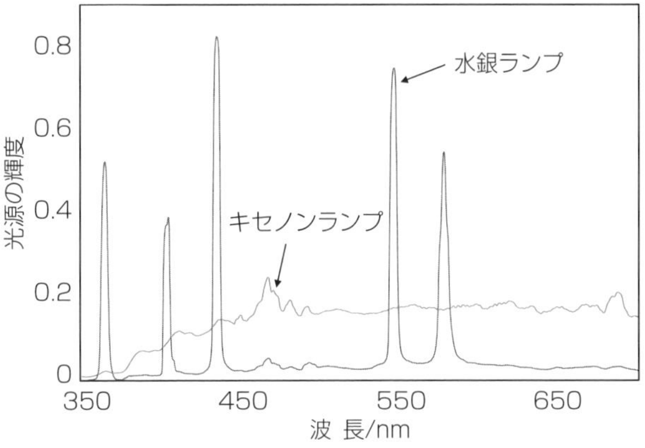

図 3.14 水銀ランプとキセノンランプのスペクトル

い光源となる．しかし，水銀ランプの輝線で蛍光分子を励起することができなければ，キセノンランプやハロゲンランプによる励起が必要となる．キセノンは特定波長による強い光度は存在しないが，広い波長範囲で安定した光度を有しており，複数の蛍光分子を励起する場合には使いやすい光源である．

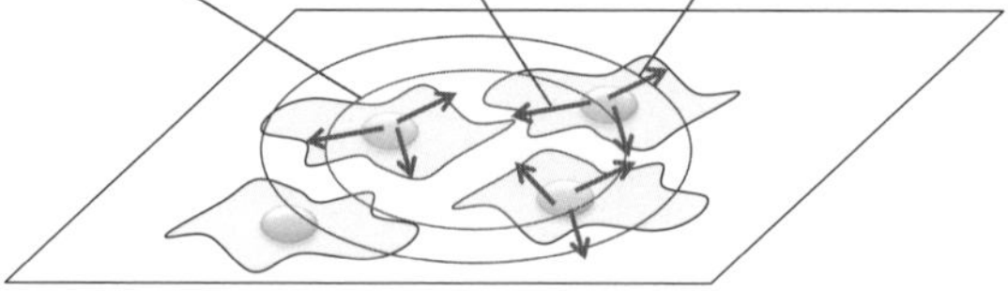

図 3.15　投光管の視野絞り効果

投光管は光を集光するための凸レンズのほかに，視野絞りが含まれる．これは試料の観察範囲のみを光源で励起するために，視野を絞り込む役割がある（**図 3.15**）．もし視野の外側まで光源の光を当ててしまうと，外側の蛍光分子も光励起されて蛍光を放出し，バックグラウンド光となる．したがって，高いコントラスト画像を得るためには，視野絞りで観察範囲のみを励起するように調整する必要がある．

投光管のもう一つの重要な構成部品は，蛍光ミラーユニットである．蛍光ミラーユニットは，励起フィルターと蛍光フィルターおよびダイクロイックミラーのセットから構成されている（**図 3.16**）．一般に 1 つのキューブの中に，この 2 枚のフィルターと 1 枚のミラーがセットとなっており，各ミラーとフィルターは交換ができる．

一例として Alexa 488 という蛍光分子を観察する場合のフィルターを考えよう．Alexa 488 は励起極大波長が 495 nm，蛍光極大波長が 519 nm である．そこで，励起フィルターには 460〜495 nm の光を透過するフィルター（バンドパスフィルターという）を用いる．またミラーには，505 nm の波長以下の光を反射しそれ以上の波長の光は透過するダイクロイックミラーというミラーを用いる．そして，Alexa 488 の蛍光が効率よく回収できるように 510〜550 nm の波長の光を透過するバンドパスフィルターを用いる．あるいは，510 nm 以上のすべての波長の光を透過するフィルター（ロングパスフィルターという）を用いてもよい．このようなミラーユニットを構成すると，光源からの白色光は励起フィルターで 460〜495 nm の光のみ選択され，ダイクロイックミラー

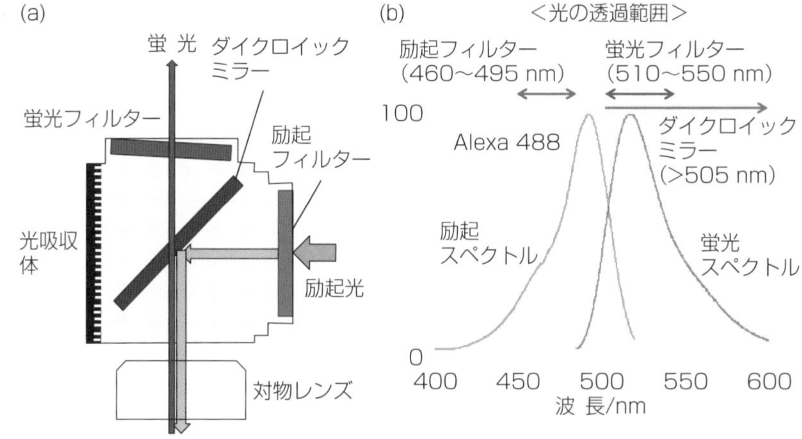

図 3.16 ミラーユニットの構成（a）と蛍光フィルター蛍光分子の適合性（b）

で反射する．反射した光は試料を照射する．このときに試料からの蛍光だけでなく散乱光も対物レンズで集められる．散乱光の波長は 460～495 nm であるため，ダイクロイックミラーで反射し光源の方に進む．一方，蛍光波長は 519 nm を極大とするブロードなスペクトルを有する光であるため，蛍光フィルターを通過することができる．結果，蛍光のみが接眼レンズを通して観察されるため，背景が真っ暗な中で蛍光像のみが浮かび上がって観察される．ミラーの選択は，蛍光分子が決まれば，顕微鏡メーカーから蛍光分子に対応した蛍光ミラーユニットを購入すればよいが，特殊な蛍光分子や新規に開発した蛍光分子の場合は，独自にミラーユニットをセットしなくてはならない．そのときは，ミラーの透過率に関する情報をもとに，フィルターとミラーの組合せを独自にセットする．その際ミラーやフィルターは，記載されている波長で 100% 反射したり 100% 透過することはなく特性があることに注意しよう（**図 3.17**）．フィルター特性の表記は通常，横軸に波長，縦軸に光の透過率が示されている．バンドパスフィルターであれば目的とする波長範囲で透過率が 100 %近くのものがよい．ダイクロイックミラーは，決められた波長で透過率が急峻に変化するものがよいであろう．フィルターの特性を正確に理解したうえで蛍光ミラーユニットをセットすることが大切である．

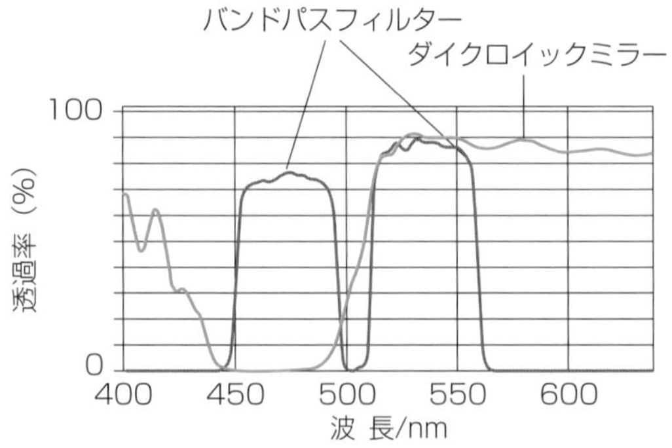

図 3. 17　フィルターとダイクロイックミラーの特性

試料を観察するための対物レンズは，セミアポクロマートまたはアポクロマートのような，色収差補正能を有する対物レンズを用いる（表2.1参照）．異なる蛍光波長で取得した画像を重ね合わせることが生物試料では頻繁にあるが，せっかく優れたコントラストで画像を取得しても，色収差があると正しい位置情報で重ね合わせができない．また蛍光は透過光に比べれば，輝度がかなり低く画像が暗くなることがしばしば起こる．そのようなときに励起光強度を上げることは一つの対応方法であるが，蛍光分子が褪色してしまう．そこで，対物レンズを高い開口数のものに変えて明るい像が得られるようにするとよい．油浸や水浸型対物レンズを用いることで，高い開口数の対物レンズが使え，像を明るく観察することができる．また，対物レンズはレンズの集合でできている．レンズ自体の自家蛍光もできるだけ低いものを使うことが，高いコントラストの画像を得るために重要となる．

3.4 共焦点レーザー走査型蛍光顕微鏡

共焦点レーザー走査型蛍光顕微鏡は，細胞や組織の特定の深さにおける蛍光画像を得るための顕微鏡である．深度を変えて画像を取得し，その画像を1枚に合成すれば，3次元に関する情報を取得することができる．この3次元画像は，通常の蛍光顕微鏡により得られる画像と比べてきわめて鮮明であり3次元情報を含むことから，現在は広く利用されている．共焦点光学系の基本原理は，1957年にMarvin Minskyによって提案されている．当時はまだレーザーがなかったため，ランプ光源を用いた原理の提案であった．その後に指向性が高く波長帯域が絞られたレーザーが光源として利用され，1980～90年に共焦点レーザー走査型蛍光顕微鏡の開発が飛躍的に進展し，市販されるまでに至った．

細胞の断層像を取得する基本原理について説明しよう．共焦点光学系は，光源となるレーザー光をダイクロイックミラーで反射させ，試料に投射する（**図3.18**）．試料からは蛍光が放射され，その光が結像する位置に置かれたピンホールを通過して光電子増倍管で検出する．焦点面以外の深さからの蛍光は，ピンホール面で結像しないため，ほとんどの光量はここでカットされる．このようにして，ある特定の深さからの蛍光を光電子増倍管に導くことが可能である．試料をx-y方向に操作すれば，特定の深さにおける2次元のイメージング画像を得ることができる．すなわち2次元画像を取得するためには，励起光が試料面を走査しなくてはならない．このとき試料のステージをx-y走査することも可能であるが，多くの市販品ではガルバノミラーという高速にレーザー照射位置を変えることが可能なミラーを用いて，レーザーをx-y方向に走査し，イメージング画像を取得する．光をガルバノミラーで操作する利点は，ミリ秒のオーダーでの走査が可能であり，高速なイメージ画像の取得が可能な点にあ

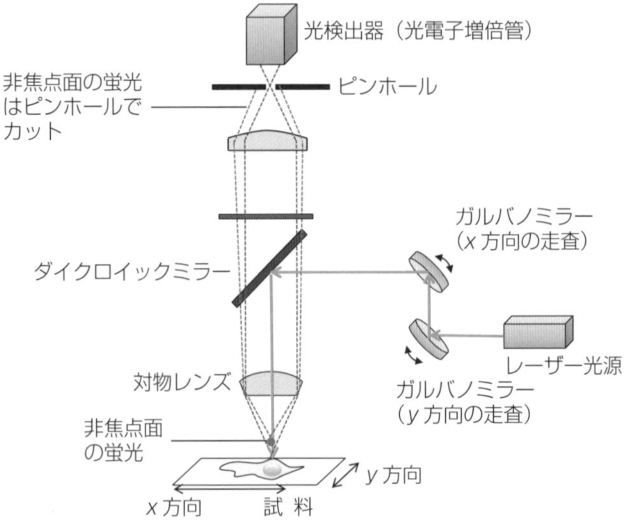

図 3.18 **共焦点レーザー走査型蛍光顕微鏡の基本構成**

る．

共焦点レーザー走査型蛍光顕微鏡の特性はさまざま挙げられる．まず 1 つめは，励起光が点であるため試料に隣接する横方向からの迷光が発生しない．そのためシャープな画像を得ることが可能となる．2 つめは前記したように，試料の焦点位置からのみの蛍光がピンホールを通過して検出器に到達する．焦点位置以外の光はピンホールでカットされるため，ピンホールサイズを絞り込むことにより，深さ方向の優れた分解能を得ることができる．

ガルバノミラーを用いた光走査は，蛍光イメージ画像取得の高速化に大きく貢献するが，さらなる高速化を目指したマルチピンホールを用いた共焦点レーザー走査型顕微鏡が開発されている（**図 3.19**）．この方法ではレーザー光源による励起光をピンホール 1 つに通過させるのではなく，複数のピンホール（ニポウディスクとよばれる）を通して試料に照射する．個々のピンホールに共役な位置にあるマルチピンホールで試料からの蛍光を通過させて，カメラで蛍光画像を取得する．ニポウディスクを回転させることで，試料の異なる位置に励起光が照射され蛍光がカメラに到達するため，最終的に蛍光イメージが取得で

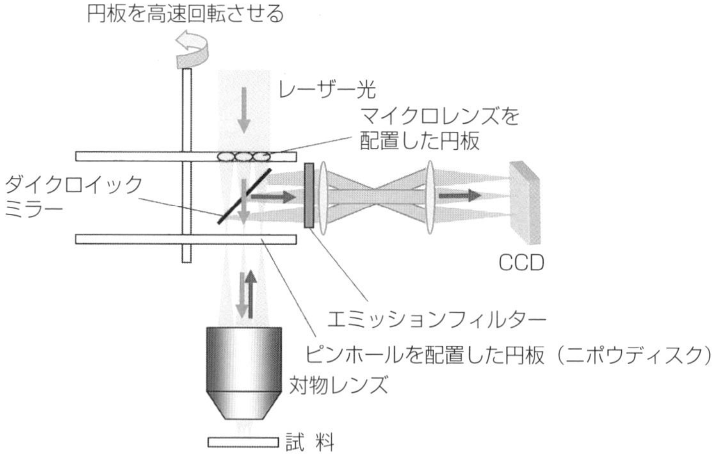

図 3.19　ニポウディスク型蛍光顕微鏡の基本構成

きる．ピンホールが複数あること，またディスクを回転させるだけであるため，ガルバノミラーによる単一ピンホールを用いた画像取得より 10 倍以上の高速イメージングが可能である．

共焦点レーザー走査型蛍光顕微鏡は成熟した技術であり，その用途・応用は生命科学分野のみならず医学，工学などさまざまな分野に展開されている．

3.5 二光子励起蛍光顕微鏡

二光子励起蛍光顕微鏡は，蛍光分子の二光子吸収による非線形光学現象を利用している．これは単一の蛍光分子が 1 つの光子（可視光：波長 λ）を吸収して発生する蛍光を利用するのに対し，二光子励起顕微鏡では，単一の蛍光分子が 2 つの光子（近赤外光：波長 2λ）を同時に吸収して励起状態となる非線形

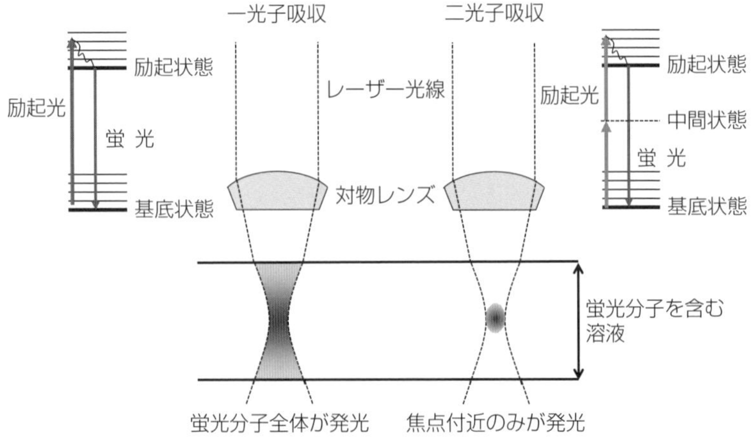

図 3.20 一光子吸収と二光子吸収の違い

光学現象（二光子吸収）を用いる（**図 3.20**）．すなわち，2つの光子からもとの光子の2倍のエネルギーをもった1つの光子が，光と分子との相互作用により生まれることになる．この二光子吸収過程は自然界では非常にまれにしか起こりえない現象であるが，光子密度を高めることにより，二光子吸収が起こる確率を上げることができる．

顕微鏡の光学系は基本的に通常の蛍光顕微鏡と同一であるが，光源は光子密度を高めるためにフェムト秒超短パルスレーザーが用いられる．レーザー光は対物レンズの焦点面で集光するため，光子密度が高められ，蛍光分子の二光子吸収が惹起される．集光効率を上げるためには，高い開口数を有する対物レンズが用いられる．しかし組織や媒質などの屈折率の差によって，レーザーの集光効率が劣化する．そこで，標本と浸液の屈折率不整合を補正する補正環機構を搭載した対物レンズを用いることもある．

二光子励起による蛍光の発光効率 I は，励起光の平均パワーの2乗に比例し，集光位置でのレーザーのパルス幅に反比例する．

$$I \propto \frac{P_{\mathrm{average}}^2}{F_{\mathrm{p}} \times T_{\mathrm{p}}}$$

ここで，P_{average} は励起光の平均パワーを，F_{p} はパルス繰返し周波数を，T_{p} は

パルス幅を表す．図 3.20 に示すように，一光子励起では励起光が照射される全領域で蛍光が発生するが，二光子励起では，対物レンズによるパワーの高密度化と，レーザー光のパルス化によって光子密度を空間的に高めることにより，焦点近傍の蛍光分子のみを局所的に励起する．焦点面以外では光子密度が低く二光子吸収は起こらない．したがって共焦点レーザー走査型蛍光顕微鏡と同様に，試料の特定の深度のみの蛍光が得られ 3 次元の撮像が可能となる．画像構築のための x-y 方向の走査は，共焦点レーザー走査型蛍光顕微鏡と同様に，ガルバノミラーによりレーザーを走査する方法と，ステージを走査する方法がある．

共焦点レーザー走査型蛍光顕微鏡との大きな違いの一つは，ピンホールを使用しないことである．ピンホールを使用すると，分子からの蛍光の多くはピンホールを通過できずカットされる．そのため，ピンホールサイズを絞り込むほど検出器に到達する光子は少なくなり，画像は暗くなる．一方，二光子励起蛍光顕微鏡はピンホールを使用しないため，組織で散乱した多くの蛍光を検出することができる．また励起に用いられるフェムト秒超短パルスレーザーの波長は，蛍光分子の励起波長の 2 倍となる近赤外光が用いられる．近赤外光は生体の組織透過性が可視光に比べて非常に優れているため，組織表面から数百 μm といった深部の情報を少ない侵襲で取得することができる．また焦点面以外では分子が励起されないため，蛍光分子の褪色による影響も受けにくい．

最も汎用されている例として，生きた動物の脳内で起こっている神経細胞活動の観察がある．生きたマウス個体の神経ネットワークや Ca^{2+} 濃度変化を，リアルタイムで可視化することが可能となっている．

3.6

全反射蛍光顕微鏡

全反射蛍光顕微鏡は，表面近傍の蛍光分子のみを励起して画像を取得する技術である．その表面近傍から得られる情報は，共焦点効果や二光子励起顕微鏡により得られる深さ方向の解像度よりさらにすぐれており，後で述べるように波長のおよそ半分程度である．さらに光はカバーガラスで全反射させるため，観察試料の表面分子以外は励起されることがなく，背景光は大きく抑制することができる（**図 3.21**）．このような特殊な励起方法を用いることで，カバーガラス境界面近傍でのみ起こる生命現象の可視化が高感度に検出することができる．

装置の特徴を理解するために，光が全反射したときに発生するエバネッセント光を解説しよう（**図 3.22**）．屈折率の異なる媒質の一方から界面に対して光

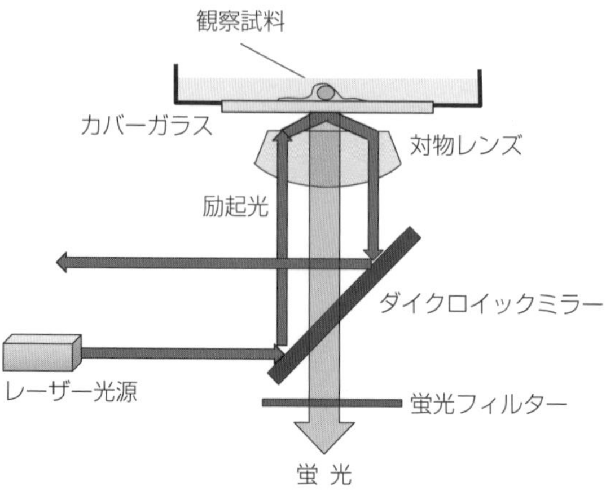

図 3.21　全反射蛍光顕微鏡の基本構成

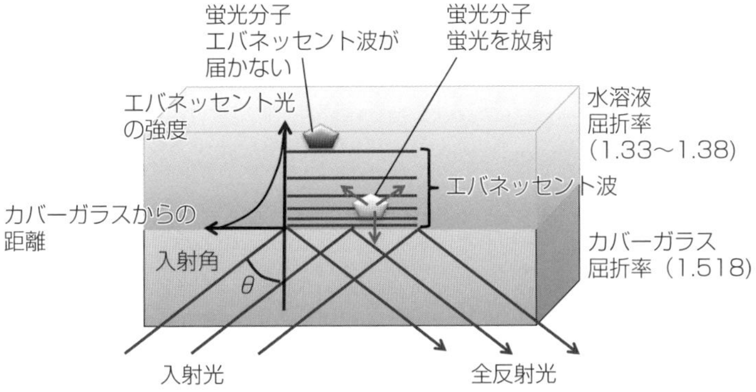

図 3.22 エバネッセント波の性質

を入射させると，入射角が小さい場合は透過光と反射光の両方が発生する．入射角と屈折角の関係はスネルの法則に従う．さらに媒質 1 の屈折率が媒質 2 の屈折率よりも大きい場合は，入射角 θ_1 を大きくしていくと屈折角 θ_2 が 90° に達し，それ以上の入射角に対して屈折光が観測されず，光は全反射する．このような光が全反射する条件では，媒質 1 と 2 の界面から媒質 2 側へ指数関数的に減衰する電磁場（定在波）が生じる．この全反射による染出し光をエバネッセント光とよぶ．全反射面から染み出す光の深度 d は次式で表される．

$$d = \frac{\lambda}{4\pi}\left(n_1^2 \times \sin^2\theta - n_2^2\right)^{1/2}$$

d (nm)：光の強度が 1/e となる界面からの距離，λ (nm)：入射光の波長，n_1：溶媒 1 の屈折率，n_2：溶媒 2 の屈折率，θ：入射角．

これらの式に顕微鏡下で一般に使用される値（n_1：$n_{ガラス}$=1.52，n_2：$n_{水}$=1.33）を代入すると，入射角 75° にて d=0.128×λ となる．顕微鏡で使用される波長を 400〜700 nm とすると，50〜150 nm 程度の狭い領域にエバネッセント光が染み出すことがわかる．これは共焦点効果による深度の絞込みに比べても，エバネッセント光の染み出す領域（深さ）は非常に小さく，ガラス界面近傍の蛍光分子のみが励起されることになる．この観察系を用いると，ガラス界面近傍に存在する単一の蛍光分子を可視化することが可能であるため，細胞膜上の受容体の一分子動態観察などが可能になる．

3.7 光シート型蛍光顕微鏡

共焦点レーザー走査型蛍光顕微鏡や二光子励起蛍光顕微鏡の発展により，単一細胞内の微細構造を観察することだけでなく，細胞集団からなる組織の観察が可能になった．とくに，二光子励起蛍光顕微鏡を用いれば観察深度は細胞表層から1 mm程度まで可能になっており，脳内神経細胞やがん組織のイメージングなど，さまざまな組織観察で威力を発揮している．しかし，二光子励起蛍光顕微鏡は点走査で画像を構築するため，3次元の画像を取得するにはかなりの時間を必要とする．受精卵の発生段階のように時間とともにダイナミックな形態変化を示すような試料をリアルタイムに観察するためには，新たな顕微鏡システムが必要となった．そして誕生したのが，光シート型蛍光顕微鏡（light sheet fluorescence microscopy：LSFM）である．通常の蛍光顕微鏡では，励起光と観察する蛍光は同じ対物レンズを通過する．一方LSFMは，励起光と観察光とを完全に分離している点が，従来の顕微鏡との大きな違いである（**図3.23**）．蛍光分子を励起するために平面状の励起光を試料に照射し，試料からの蛍光を光シートの垂直方向に設置した対物レンズで集光して画像化する．励起光を平面波にするためには，レーザー光を広げてシリンドリカルレンズを通し，平面波をつくる方法（selective plane illumination microscope：SPIM）や，対物レンズで励起光を絞り込みガルバノミラーでビームを走査することで擬似的に平面波をつくる方法（digital scanning light-sheet microscope：DSLM）などがある．

検出側の基本光学系は通常の蛍光顕微鏡と同じであり，対物レンズ後方にはフィルターによる波長選別，そして凸レンズを通して検出用のカメラが設置さ

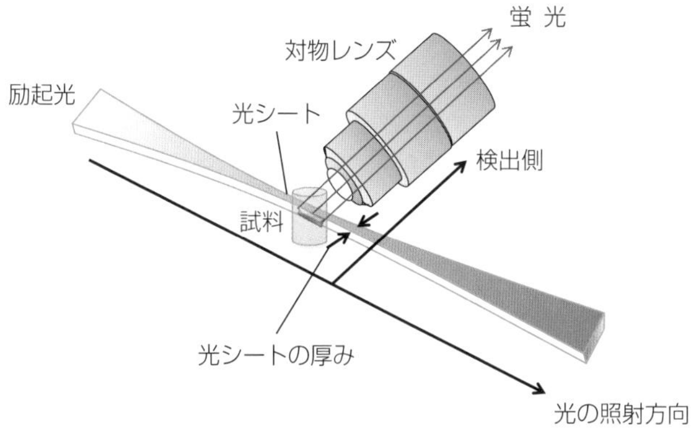

図 3.23 光シート型蛍光顕微鏡（LSFM）の基本構成

れる．時間解像度は試料の蛍光強度とカメラの感度に大きく依存するが，共焦点レーザー走査型蛍光顕微鏡のようなピンホールを用いないため，明るい画像を得ることができる．観察側の対物レンズは制限があり，組織などの深部観察のためには，開口数があまり高くない作動距離（working distance）が長い水浸対物レンズが必要になる．

LSFM は，励起光と観察光の光学系を分離しただけであるため，x–y 面内の解像度は基本的にアッベの式に従う．前記したように開口数が低い対物レンズを利用するため，アッベの式からわかるように，x–y 面内の解像度は制限される．一方，z 軸方向の解像度は，励起光となるレーザーの直径によって決まる．すなわち，平面波の厚みをどれほど絞り込めるかに大きく依存しており，これは観察視野の広さとはトレードオフの関係にある．

LSFM の試料作製にも工夫が必要である．試料はアガロースに包埋して，位置と角度を調節可能な電動ステージに載せる．そしてステージを回転させることで，XYZ 撮影を繰り返し，得た3次元画像を合わせ込む（registration）ことで，高画質なイメージング画像を作成する．1回の撮像では，励起光側に近い試料部位の蛍光は強く，遠い試料部位の蛍光は弱いなどの光ムラがあるが，このような回転撮像によって等方的（isotropic）な画像が得られる．

このように LSFM は二光子励起蛍光顕微鏡と同様に，組織観察において大きな威力を発揮するが，とくに測定時間が短いことが大きな特徴である．また透明な組織であればより大きな試料を対象とすることも可能である．一方，蛍光分子の励起には短波長の励起光を利用するため，組織の透明性がLSFMが利用できるかどうかの鍵を握る．近年開発された組織透明化技術は，試料を固定してしまうが，LSFMと組み合わせることで，組織全体の可視化が盛んに行われている．

3.8 蛍光相関分光法

蛍光相関分光法（fluorescence correlation spectroscopy：FCS）は，これまで述べてきた蛍光強度に基づくイメージング画像の取得とは異なり，ある特定された微小体積中を出入りする蛍光分子を高速測定することで，その分子の濃度や拡散に関する情報を得る方法である．微小体積を走査することで，分子濃度に関する画像を取得するとこが可能である．微小体積は，レーザー光を利用した共焦点光学系を利用する．この微小領域に，ブラウン運動（Brownian motion）によるランダムな動きをした分子が出入りすると，それに起因する蛍光強度の増減が検出される．その蛍光強度の増減を相関関数により表現することで，測定領域を通過する拡散時間といった「分子の動き」やその領域における「分子数」に関する情報が得られる．

もう少し詳細に原理を説明しよう．励起光は対物レンズを通して光の回折限界まで集光し1点に絞り込む．試料とする蛍光分子はその集光された微小領域内で励起され蛍光を発する（**図3.24**）．発せられた蛍光は同じ対物レンズで集光しピンホールを通り検出器（アバランシェフォトダイオードまたは光電子増倍管）で検出する．なお，蛍光相関分光を行うだけであれば，励起光を走査する必要がないため，共焦点レーザー走査型蛍光顕微鏡のようなガルバノミラーは設置されていない．しかしFCSと共焦点レーザー走査型蛍光顕微鏡とには

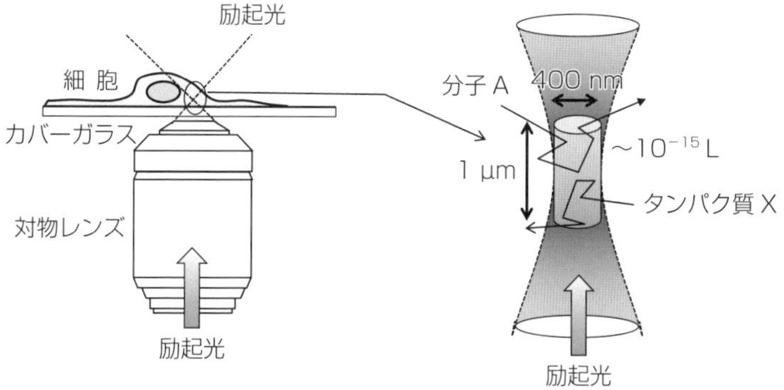

図 3.24　**蛍光相関分法（FCS）の原理**

このような光学系の相同性があるため，両システムを備えた顕微鏡が市販されている．

次に観察される分子について考えよう．回折限界まで絞り込まれた光は，微小な円柱状と近似することができる（図 3.24 の右図）．その直径は励起光のもつ波長と同程度の約 400 nm，軸長は 1 μm 程度であるとすれば，その体積は fL（フェムトリットル，10^{-15} L）程度になる．蛍光分子の濃度が 0.1 μmol L^{-1}（10^{-7} mol L^{-1}）の場合，FCS の測定領域内にはわずか 60 個程度の分子が存在することになる．0.01 μmol L^{-1} であれば，数分子の蛍光を観察することになる．高感度な検出器を用いれば，単一分子レベルの蛍光を検出することができる．この蛍光分子を時間変化とともに観察すると，蛍光分子はブラウン運動により円柱状の微量領域を出入りするため，観察される蛍光強度は揺らぐことになる（**図 3.25**）．とくに蛍光分子数が少なくなるほどそのゆらぎは大きくなり（図(a)），逆に分子数が多ければ蛍光強度は平均化されてゆらぎはきわめて小さくなる（図(b)）．またゆらぎの程度は分子の大きさにも依存する．すなわち，小さい蛍光分子は拡散速度が速いため，円柱状の微小領域を通過する時間が短く，蛍光強度の増減の変化が急峻となりゆらぎの大きい変化となる（図(c)）．逆に分子が大きく，遅いブラウン運動をしているときは微小領域の通過に要する時間が長いため，蛍光強度の増減が緩やかになる（図(d)）．このように，蛍光シグナルの時間的なゆらぎから，「分子の数」と「大きさ」に関す

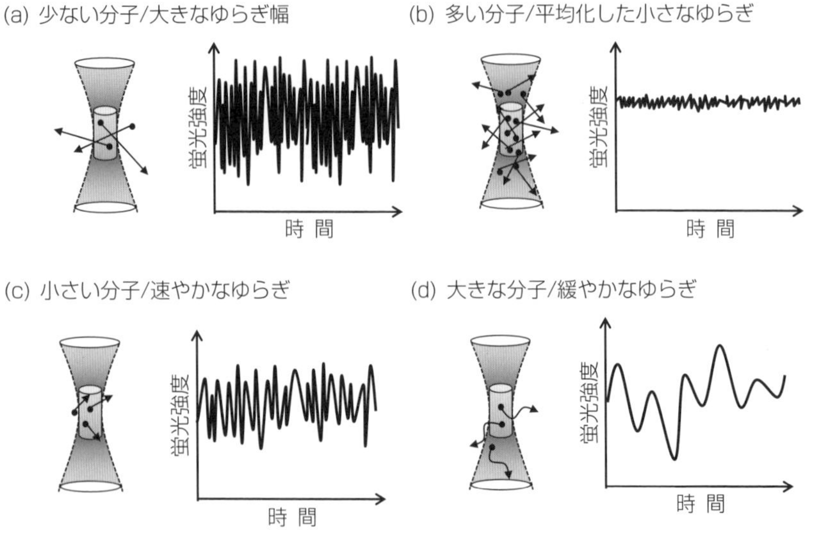

図 3.25　蛍光相関分光法（FCS）から得られる情報

(a)～(d) は本文参照.

る情報が得られることが原理的に理解できる.

それでは，検出器で観測される蛍光強度の時間的なゆらぎはどのように解析するのであろうか．蛍光分子の「ゆらぎ」は，自己相関関数 $G(\tau)$ とよばれる以下の式によって解析を行うことができる.

$$G(\tau) = \frac{\langle I(t)I(t+\tau) \rangle}{\langle I(t) \rangle^2}$$

ここで，$I(t)$ は時刻 t における蛍光強度を表す．この自己相関関数の変化は**図 3.26** に示すような時間間隔 τ に対して減衰する曲線となる．この曲線はある時刻 t で検出された分子の存在確率が時間とともに減衰することを示している．たとえば小さな蛍光分子であれば拡散速度が大きくなるため，光の微小領域を通過する時間は短くなる．一方，分子が大きくなると拡散速度が小さいために観察領域から出ていくのに時間がかかり，存在確率は緩やかに減少することを示している．もし大きな分子と小さな分子が 1：1 で混在し相互に干渉しなければ，自己相関曲線は単純な足し合わせとなる．このように分子の大きさは，自己相関関数の減衰の仕方から読み取ることができる．一方，相関関数の

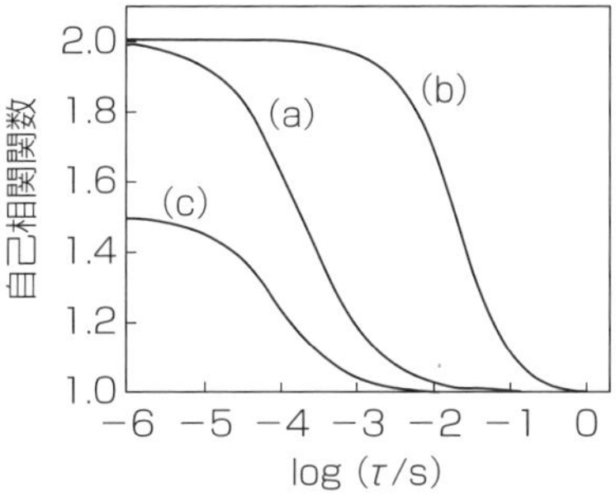

図 3.26 時間間隔（τ）に対する自己相関関数 $G(\tau)$ の変化

分子が大きくなると相関時間が長くなり，(a) から (b) にシフトする．分子の数が少なくなると自己相関関数が小さくなり (a) から (c) にシフトする．

y 軸切片も重要な情報を含んでいる．たとえば，微小領域に含まれる平均分子数が少なければ，蛍光強度のゆらぎは大きくなるために相関関数の振幅は大きくなる．しかし，分子数が大きくなるとゆらぎは小さくなるために，相関関数の振幅は小さくなる．したがって，y 軸切片は分子の数に関する情報を含んでおり，分子の大きさとは独立して測定することができる．

3.9 超解像蛍光顕微鏡

光学顕微鏡の分解能の定義については第 2 章で述べた．すなわち光は波動としての性質をもつため，通常の蛍光顕微鏡観察では，近接した 2 点を区別できる限界は，対物レンズの開口数（NA），媒質の屈折率，そして蛍光の波長で決定され，およそ波長の半分程度である．しかし細胞内の生体分子は非常に小さく，光学の限界にしばられるかぎり，個々の分子の詳細な位置関係を解析することは不可能である．そのため細胞内の微細な構造を解析するためには，こ

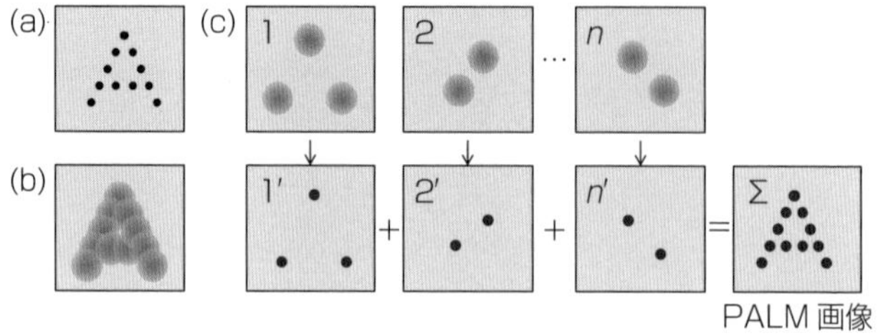

図 3.27 **PALM を用いた超解像イメージングの基本原理**

(a) PA-GFP の局在，(b) 通常の蛍光顕微鏡画像，(c) PALM 画像の作成工程.

れまで電子顕微鏡に頼らざるをえなかった．しかし，蛍光イメージング技術の発展に伴い，顕微鏡の分解能をはるかに凌駕するイメージング技術が開発されている．ここでは，その代表的な方法の原理について簡単に紹介しよう．

光活性化局在性顕微鏡法（PALM）

光の回折限界よりも接近した複数の蛍光分子が同時に蛍光を発する場合，通常の蛍光顕微鏡では，おのおのの蛍光分子を分離してイメージングすることはできない（**図 3.27(a)**）．しかし，おのおのの蛍光分子を個別に光らせることができれば，全反射蛍光顕微鏡のような一分子観察法を用いて，その蛍光分子輝度分布の中心位置をナノメートルの精度で決めることができる（図 3.27(b)）．PALM（photo-activated localization microscopy）は，蛍光分子の確率的な発光をうまく制御して個別に光らせることで，蛍光分子の位置を光の回折限界を超えた精度で決定する方法である．蛍光を off から on に変換するためには，第 2 世代の蛍光タンパク質，たとえば PA-GFP（図 3.5 参照）を用いる．たとえば，PA-GFP が 300 nm 内に A という形で並んでいるとしよう（図 3.27(a)）．通常の蛍光顕微鏡観察では A という形はぼやけた像で文字を判断することが難しい（図 3.27(b)左）．ここに弱い紫外光を照射すると，確率的に PA-GFP は蛍光を発する（図 3.27(c)）．この発光した PA-GFP を一分子観察し，その中心位置を計算により求める．PA-GFP を観察する励起光は強光度の励起光を照射する．すると，観察直後に GFP は光褪色するため，非蛍光となる．確率的に次の PA-GFP が発光し，その中心位置を測定した後，光褪色する．このサイクルを繰り返し，最終的に蛍光分子の中心位置の画像を重ね合わせることで，回折限界を超えるAという画像が得られる．PA-GFP以外にも，蛍光波長が変化する第2世代の蛍光タンパク質を利用して，同様の原理に基づき超解像イメージングが可能である．PALM法を用いることで，20～30 nmの解像度で細胞内の微細構造を観察することが可能になった．ただし，1枚の超解像画像を取得するには，原理的に時間を要するため，最近はその高速画像取得の改良技術が開発されている．

確率的光学再構築顕微鏡法（STORM）

蛍光タンパク質を用いず，蛍光性有機小分子を用いて超解像イメージングはできないだろうか．Cy 5やAlexa 647のようなシアニン系の蛍光性有機小分子は，励起光を当て続けると非蛍光性となるが，その一部は自発的に蛍光を回復することが知られている．そこで，タンパク質などをこれらの蛍光分子でラベル化し，そして強光度の励起光を照射して，蛍光色素をすべてoff状態にする．次に，微弱な405 nmのレーザーを照射すると，わずかな頻度で蛍光性有機小分子の蛍光が回復する．その1分子蛍光の中心位置を決定し，PALMと同様の方法で繰り返し測定を行う．このように蛍光分子自身の確率的な蛍光回復を利用して超解像イメージングを行う方法をSTORM（stochastic optical reconstruction microscopy）とよぶ．同様の原理は，無機材料による蛍光分子で行うことも可能である．たとえば，セレン化カドミウム（CdSe）のような量子ドットは，励起光を連続的に照射すると，ブリンキングとよばれる蛍光の明滅を高速に繰り返すことが知られている．したがって，この自発的な明滅を活用すれば，同様の原理によって超解像イメージングが可能となる．

誘導放出抑制顕微鏡法（STED）

共焦点レーザー走査型蛍光顕微鏡では，レーザーをピンホールで絞り込むことで，その空間解像度が決定することを述べた．STED（stimulated emission depletion microscopy）は，その絞り込まれたレーザーの集光点から発する蛍光の領域を絞り込むことで，光学的解像度を凌駕する超解像を達成している．具体的な原理を以下に説明しよう．

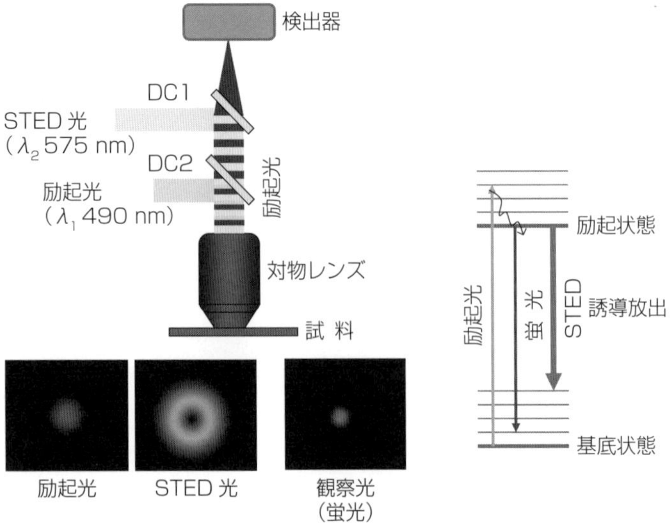

図 3.28　STED を用いた超解像イメージングの基本構成と原理

カラー図は口絵 7 参照.

レーザーにより励起された蛍光分子は，同心円状の蛍光を放出する．この蛍光の検出領域を狭めるために，誘導放出という現象を利用する．**図 3.28** に示すように，励起レーザー集光点周辺に誘導放出を起こすためのレーザー光（観察蛍光波長 λ_1 より長波長の光 λ_2）をドーナツ状に配置する．励起レーザーで蛍光分子は一定の確率で励起されるが，ドーナツの中心部の蛍光分子は自然放出により λ_1 の蛍光を，一方，ドーナツ状の部分は誘導放出により λ_2 の光が放出される．そこで，λ_2 をカットするフィルターを用いて，自然放出による蛍光 λ_1 のみを検出すれば，励起レーザー集光点の中心部分の蛍光分子のみを計測することができる．ドーナツの大きさは数十 nm で制御することができるため，ドーナツ中心部の大きさを理論的に小さく絞り込むことができる．このような非線形光学現象を利用することにより，生体試料では 40 nm 程度の空間分解能で観察が可能となっている．STED は PALM や STROM に比べて高速イメージングが可能であり，生細胞へのさまざまな応用が実践されている．

3.10 蛍光イメージングの実践

蛍光イメージングを行うための，基本的な手順について解説しよう（**図 3.29**）．まず決めることは，何を観察するか対象を明確にすることである．イオン，DNA，RNA，タンパク質，脂質，ミトコンドリアなどの細胞内オルガネラ，特定の細胞，組織全体などがある．また，単に生体分子を観るだけでなく，酵素の活性，タンパク質間相互作用，タンパク質のリン酸化，DNA メチル化，DNA の特殊な構造体，脂質セカンドメッセンジャーなど，細胞内シグナルに関わるイベントをイメージングしたいという目的があるかもしれない．さらに細胞周期，細胞のダイナミックな移動や組織への浸潤などの細胞間コミュニケーションもイメージングの重要なターゲットになる．当然のことであるが，観察したいターゲットを明確にすることが，バイオイメージングの第一歩である．

次に，どのようなスケールで観察するかを決めよう．たとえばある特定のタンパク質のダイナミクスを観察する場合，細胞内で 1 分子を観察するのと，動物個体内で複数分子を観察するのでは，原理や方法そして装置がまったく異なる．1 分子レベルで観察するか，ナノスケールで観察するか，マイクロスケールで観察するか，あるいはより大きなスケールでイメージングするかを決めなくてはならない．もう一つは，時間スケールである．時間スケールには，何秒おきに撮像するかという時間分解能（フレームレイトという）とトータルのイメージング時間とがある．固定された細胞や組織を観察する場合を除けば，生きた生物を観察する時間分解能は重要なパラメータとなる．たとえば神経細胞内の Ca^{2+} をイメージングするならば拡散速度が非常に大きいため，ミリ秒の高速イメージングが必要であろう．一方，タンパク質のリン酸化であれば秒から分オーダーのスケールでよいし，細胞周期の観察ならば分から時間スケール

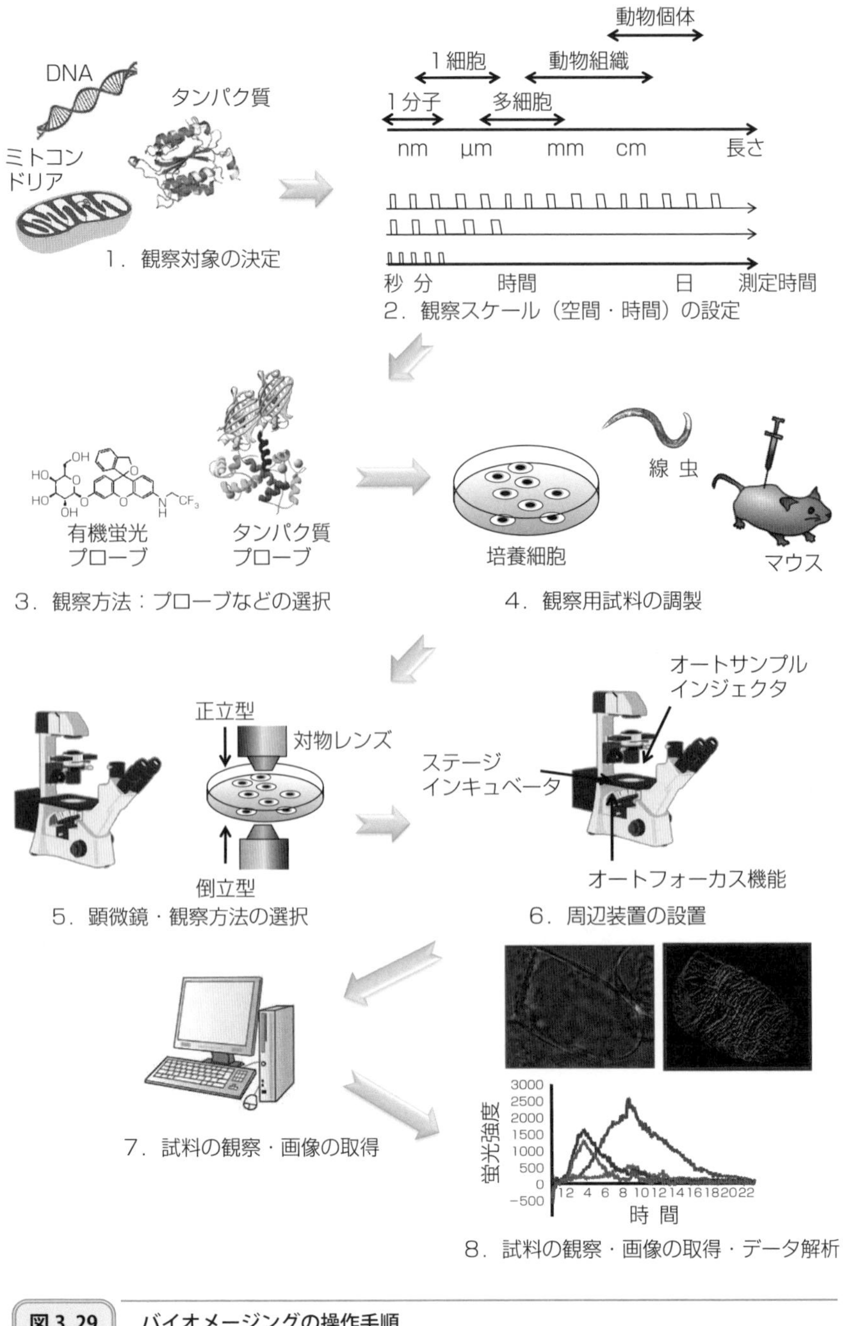

図 3.29　バイオメージングの操作手順

の時間分解能となる．またトータルの時間もあらかじめ決めておくとよい．長時間の測定であれば，シグナルを定常的に安定して取得するために，顕微鏡にアタッチメントが必要になる場合が多い．時間スケールと空間スケールをあらかじめ決めておくことは，画像の統計解析を行ううえでも重要となる．

次に観察する方法である．一般に，イメージングしたい対象が細胞の場合，細胞の形態は白色光で観察することができ，コントラストを生み出す仕組みを顕微鏡に加えれば容易に観察ができる．一方，特定分子やイオンの局在とダイナミクスを観察するためには蛍光プローブまたはタグを用いる．蛍光分子をタグとして調べたい分子に連結するには，大きく2つの方法がある．有機分子や無機材料の蛍光分子では，標的とするタンパク質などに選択的に連結する工夫が必要となる．ある分子を選択的に認識するには，抗体を利用することが容易であるが，特定の分子に結合するタンパク質やDNAなど，生体分子の特性を利用することも可能である．一方蛍光タンパク質の場合は，遺伝子にコードされているという優位性がある．遺伝子にコードされていれば，蛍光タンパク質の遺伝子を調べたいタンパク質の遺伝子に直接連結して，細胞内でタンパク質をつくらせればよい．タンパク質の合成は大変な労力が必要であるが，DNAを望みの配列で正確につくることは容易である．またDNAを細胞に導入する方法は，化学的な方法やウイルスを用いた生物学的方法，さらに電気パルスによって物理的に導入する方法などさまざま存在するため，汎用性が高い．さらに，遺伝子にコードされた蛍光タンパク質は，動物のゲノムに任意の位置に挿入することができるため，動物の個体全体に発現させたり，興味ある臓器だけに発現させることが可能である．

さて蛍光分子またはプローブの準備ができたら，観察試料の調製である．蛍光プローブを対象となる培養細胞や組織に導入することになる．有機蛍光プローブであれば，細胞に一定量添加してインキュベートし，必要ならば細胞外液を交換して観察することができる．遺伝子にコードされたプローブならば，細胞や標的となる動物組織にその遺伝子を導入する．導入する方法は，トランスフェクションという化学的に遺伝子を導入する方法や，ウイルスを用いて細胞や組織に感染させる方法，また，電気パルスを用いて物理的に導入するエレクトロポレーション法などから選択する．どの方法を用いるかは，細胞や標的とする組織に大きく依存するため，過去の文献などで報告があれば，それにならうのがよい．遺伝子導入は確率的な現象であるため，導入実験直後に期待どおりに導入できたかどうかは判別できないが，1日経てば蛍光が観察されるので容易に導入効率を見積もることができる．

観察試料ができたら次は観察系の構築である．実際には，実験計画を立てる段階で以下に示すことを準備する必要がある．ここでは蛍光観察を例に挙げよう．一番はじめに決めた観察のスケールに合わせて，蛍光顕微鏡の選択が必要になる．たとえば，1分子レベルでの観察ならば全反射蛍光顕微鏡，ナノスケールの構造体を観察するならば超解像蛍光顕微鏡，マイクロスケールの観測であれば共焦点レーザー走査型蛍光顕微鏡，マイクロスケールの脳組織ならば二光子励起顕微鏡または選択的平面照射顕微鏡などである．顕微鏡を用いる観察では，正立型顕微鏡か倒立型顕微鏡かも決めなくてはならない．多くの培養細胞の蛍光イメージング画像は，倒立型顕微鏡によって観察された画像である．一方，動物組織を観察する場合には正立型顕微鏡を用いて対物レンズを組織の上側から近づけるほうが実験を行いやすい．

顕微鏡が決まれば，あとはステージに試料を置き観察を行うことになるが，ここで周辺装置の設定が必要になる場合がある．たとえば，1時間以上の長時間観察を行う場合，大きな問題となるのは対物レンズの焦点位置（フォーカス）のずれである．顕微鏡の筐体は鉄でできており，熱による膨張などで時間変化とともにフォーカス位置が微妙にずれる．そのため，長時間観察を行っていると，本来観察したい焦点位置からずれてしまい，最悪な場合はぼやけた像しか観察できない場合もある．このような場合は，顕微鏡にオートフォーカス機能を設置するとよい．多くの顕微鏡メーカーで独自のオートフォーカス機能が開発されており，長時間観察には非常に有効である．また細胞を長時間生かして観察するためには，周囲の温度を厳密に制御したり，場合によっては細胞培養の環境をそのまま顕微鏡ステージ上で維持する必要がある．このようなときは，顕微鏡全体をボックスで覆うか，またはステージ上にヒートインキュベータを設置することで対応が可能となる．さらに，観察途中に試薬を注入する必要があるかもしれない．人為的にピペットで滴下することも可能であるが，オートサンプルインジェクタを用いれば，一定時間で異なる試料を計画的に投入することが可能である．観察の目的に応じて周辺装置を適切に設置することが，再現性のある安定したイメージング画像の取得につながる．

測定の準備がすべて整ったら測定に入る．測定は，励起光の強度，カメラの感度，カメラの露光時間，測定間隔，全測定時間，画像解像度など，いろいろなパラメータをコンピュータ上で設定しなくてはならない．目的に応じて設定することになるが，蛍光イメージングの場合，強い励起光は細胞へのダメージが大きくなるとともに，蛍光分子が褪色してしまい観察画像が次第に暗くなってしまう．したがって，励起光の強度はなるべく低くし，カメラ感度を上げて観察することが一般的である．

測定が終わったら，取得したイメージング画像を確認する．通常は白黒画像で取得されており，白黒で確認するのが最もコントラストがはっきりして見やすい．しかし，多色で画像を取得したり，透過光像に蛍光画像を重ねて表示したいこともあるであろう．そのようなときは，透過光画像の上に蛍光のイメージング画像を重ねて表示する．また，画像を定量的に解析したり，画像処理をして見やすくする工夫もしばしば行われる．さらに忘れてはならないのが，画像のスケールバーである．観察した画像の大きさを正確に記述するために，スケールバーを使っていつも長さに関する情報をイメージング画像に入れておくとよい．上記作業のとき，もととなる生データに加工した生データを上書きしないように注意を払う必要がある．定量的な解析を行うためには，生データが必要になることが多いので，画像処理したデータとは区別して保存しよう．

ここで示した蛍光イメージングの操作手順は，発光イメージングやラマンイメージングでも適応可能である．イメージング実験を測定する準備として，最終的にどのような条件の画像を得たいかを明確にしたうえで計画的に遂行することが成功の鍵を握る．

Chapter 4

発光イメージング

発光イメージングは，蛍光イメージングに比べると歴史が浅く，まだ一般に普及しているとは言い難い．しかし，発光を利用した分析は，その優れた感度やダイナミックレンジの広さなどから，古くから盛んに用いられてきた．とくに，ホタル由来のルシフェラーゼを用いた発光は，ATP の定量に昔から用いられており，今も高感度な ATP 分析法として活用されている．したがって発光をイメージングに用いることは，自然科学研究を回顧すれば自然の流れであり，今後期待される技術である．ここでは，発光イメージングの現状と課題について紹介する．

4.1 発光分子

生物発光の歴史は，蛍光タンパク質より古く100年以上の歴史があり，ホタルの発光メカニズムの解明から始まっている．ホタルの発光は，酵素による化学反応が光エネルギーに変換されており，蛍光とは区別される（**図4.1**）．すなわち，蛍光は分子に励起光を当てなければ電子は励起されないのに対し，発光は化学反応により励起状態の分子が産生され，基底状態に電子が遷移するときに発光する．したがって，発光の検出には外部からの光はまったく必要なく，完全な暗箱の中で計測することができ，そのため迷光によるノイズが蛍光に比べて大きく抑えられることが特徴である．

生物発光は酵素–基質反応であるため，生物種によってさまざまな発光色を示す．しかし，その基質多様性は低く，生物間で共通した基質を利用している（**図4.2**）．逆にタンパク質は類似構造を有するものの多様性があり，生物発光の多様性を生み出していることが知られている．そこで，どのような発光基質と酵素を組み合わせてイメージングに使うかは重要な選択となる．**表4.1**に現

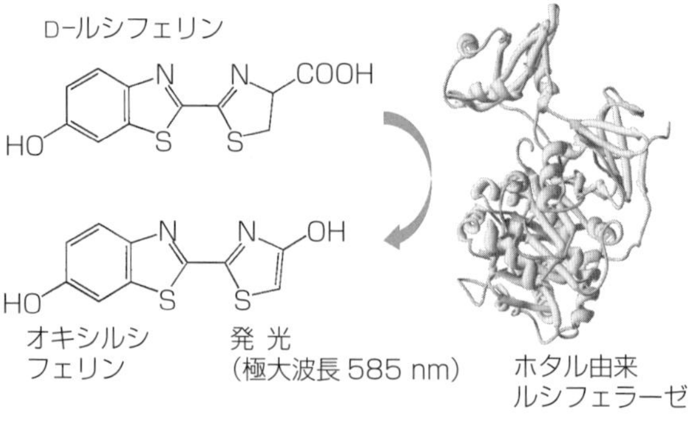

図4.1 ホタル由来ルシフェラーゼの発光メカニズム

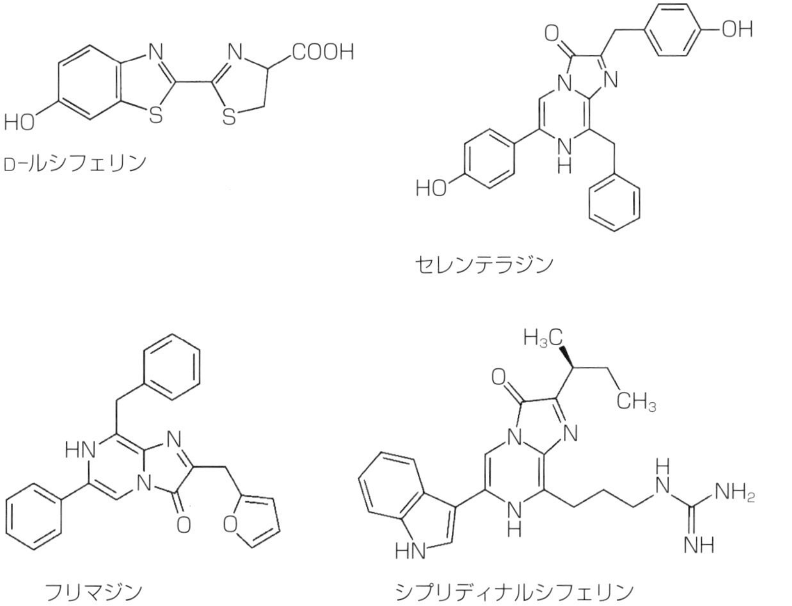

図 4.2　ルシフェラーゼ基質の構造

在盛んに活用されている基質と酵素の組み合わせと，その特性を記す．たとえば，ホタル由来のルシフェラーゼは D-ルシフェリンを基質とするが，ホタルには世界でさまざまな種が存在し酵素のアミノ酸配列は多様性に富んでいる．またホタル由来のルシフェラーゼは pH により発光スペクトルの極大波長が変化するが（**図 4.3**），これは細胞内の複雑な環境を測定するうえで不都合なことが多い．そこで現在は，極大発光波長が pH に依存しないルシフェラーゼが用いられるようになった．また，基質の D-ルシフェリンは発光波長がおよそ 550 nm 付近であり，600 nm 以上の赤色発光は量子効率が大きく落ちてしまう．しかし，基質の構造を変えることで 660 nm 以上の長波長発光を示す基質が開発されており，動物実験への応用として期待が高まっている（**図 4.4**）．

表 4.1　さまざまなルシフェラーゼの特性

	由　来	基　質	反応に必要な分子	分子質量/kDa	極大波長 λ_{max}/nm	pH感受性
ホタルルシフェラーゼ (FLuc)	*Photinus pyralis*	D-ルシフェリン	ATP, Mg^{2+}, O_2	61	562	あり
コメツキムシルシフェラーゼ (CBLuc)	*Pyrophorus plagiophthalamus*	D-ルシフェリン	ATP, Mg^{2+}, O_2	65	540 (緑)	ほとんどなし
鉄道虫ルシフェラーゼ (RWLuc)	*Phrixotrix viviani* および *Phrixotrix hirtus*	D-ルシフェリン	ATP, Mg^{2+}, O_2	61 (緑) 60 (赤)	546 (緑) 623 (赤)	ほとんどなし
Rhagophthalmus ルシフェラーゼ (SLG)	*Rhagophthalmus ohbani*	D-ルシフェリン	ATP, Mg^{2+}, O_2	61	550	なし
Pyrophorus ルシフェラーゼ	*Pyrophorus angustus*	D-ルシフェリン	ATP, Mg^{2+}, O_2	63	594	なし
Renilla ルシフェラーゼ (RLuc)	*Renilla reniformis*	セレンテラジン	O_2	36	480	あり
Gaussia ルシフェラーゼ (GLuc)	*Gaussia princeps*	セレンテラジン	O_2	20	480	あり
Metridia ルシフェラーゼ (MLuc)	*Metridia longa*	セレンテラジン	O_2	24	480	あり
シプリディナ (*Vargula*) ルシフェラーゼ (CLuc)	*Vargula hilgendorfii*	シプリディナルシフェリン	O_2	62	460	あり
NanoLuc™	*Oplophorus gracilirostris*	フリマジン	O_2	19	460	ほとんどなし

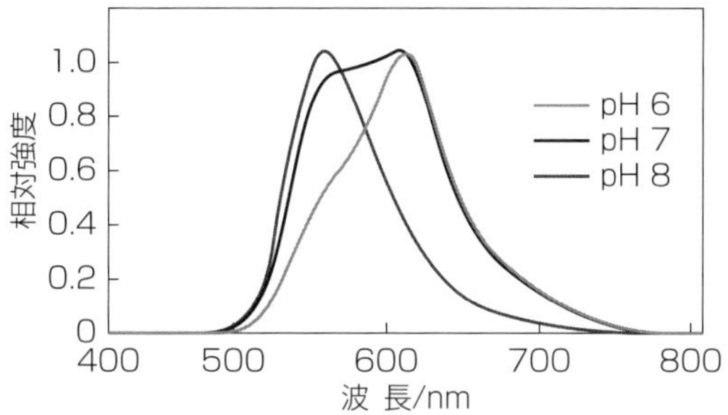

図 4.3　ホタル（*Photinus pyralis*）由来ルシフェラーゼの発光スペクトル

【出典】https://seikagaku.jbsoc.or.jp/10.14952/SEIKAGAKU.2015.870675/data/index.html を改変．丹羽一樹，中島芳浩，近江谷克裕，生化学，**87**, 675–685（2015）．

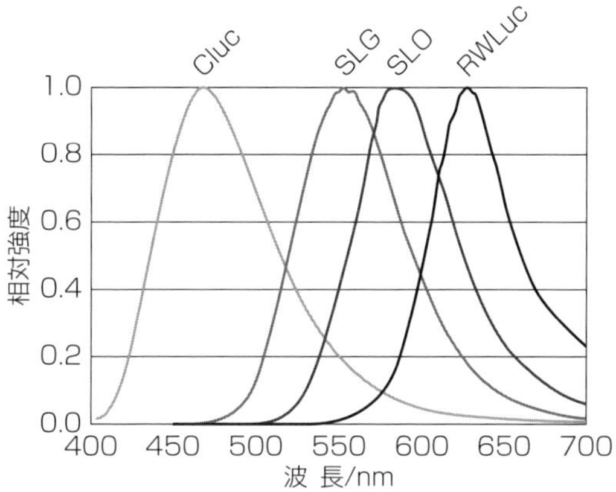

図 4.4　さまざまなルシフェラーゼの発光スペクトル

SLO : SLG の誘導体．

【出典】https : //www.nature.com/articles/s41598-018-31086-1 を改変．Y. Mitani, *et al.* *Sci. Rep.*, **8**, 12789（2018）．

4.2 発光プローブ

発光プローブの基本原理は蛍光プローブと同様に，分子認識と情報変換との融合からなる．蛍光プローブとの大きな違いは，発光は酵素–基質反応であるため，酵素をプローブとして利用するか，基質をプローブとして利用するか，プローブ開発には２つの選択がある．基質は酵素に比べて高濃度が必要となるので，基質を改変したプローブではその濃度について常に注意を払う必要がある．一方，酵素を改変したプローブは少量で検出することが可能であるが，酵素の反応性をコントロールするプローブ開発は容易ではない．また，発光酵素はまだ３次元構造が解明されていないものが多く，酵素を遺伝子工学で改変する難しさがある．とはいえ，発光プローブには大きなポテンシャルがあることから，開発は近年盛んに進められている．

4.2.1 基質改変プローブ

ルシフェラーゼは生物種によって多様な構造とアミノ酸配列があるが，その基質の種類は多くはなく，共通した基質がさまざまな生物種で利用されている．表4.1には，代表的な基質の構造と，その生物種を記している．すべての基質に共通して，基質はルシフェラーゼにより酸化されて励起分子が形成され，この励起分子から基質特異的な波長を有する発光が得られる．代表的な基質の一つであるD-ルシフェリンは，ルシフェラーゼと反応するとオキシルシフェリンに変換され，その励起状態にある電子が基底状態に遷移するときに発光する（図4.1)．その発光効率（量子収率）はきわめて高く，50% 近くが光エネルギーとして放出される．ホタルの発光現象は古くから「冷光」とよばれていたが，これは電子遷移に伴うエネルギーが熱ではなく光として放出されるいわれでもある．

D-ルシフェリンを改変した発光プローブの基本原理について解説しよう．D-ルシフェリンのヒドロキシ基（−OH）に，エステル結合により官能基を連結する（**図 4.5**）．この D-ルシフェリン誘導体はルシフェラーゼと反応できず，発光は観測されない．しかし，プロテアーゼのような酵素が活性化すると，D-ルシフェリン誘導体の官能基を切断して D-ルシフェリンが産生され，ルシフェラーゼと反応して発光する．このようにして，標的とするプロテアーゼの活性を，発光シグナルとして検出することができる．同様の原理で，D-ルシフェリン以外の基質でもプローブを作製することが可能である．基質濃度は発光シグナルの強度に比例するため，酵素反応によって産生される基質濃度をあらかじめ見積もることは，プローブの有用性を検証するうえで重要である．

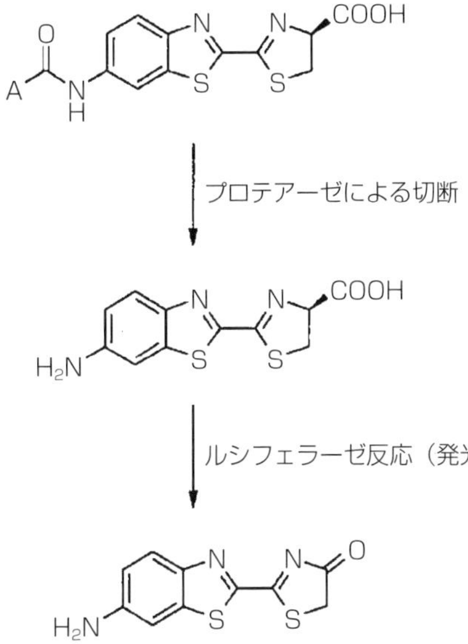

図 4.5 プロテアーゼ活性を検出するルシフェラーゼ発光基質

4.2.2 酵素改変プローブ

ルシフェラーゼの酵素を改変することで，細胞内のシグナルを検出するプローブがさまざま開発されている．代表的なルシフェラーゼプローブは，2分割ルシフェラーゼの再構成法を利用したタンパク質間相互作用の検出法である（**図 4.6**）．ここではホタル由来のルシフェラーゼについて紹介しよう．ホタル由来のルシフェラーゼの構造はX線結晶構造解析によって解明されており，N末端側の大きなドメインとC末端側の小さなドメインからなる．基質の酸化反応には，N末端とC末端の両ドメインが必要であり，D-ルシフェリンはドメイン間のポケットに挟まるようなかたちで反応する．ルシフェラーゼの再構成法では，ルシフェラーゼを2つのドメインに分割して，その酵素活性を失わせる．そして2分割したドメインそれぞれに，調べたいタンパク質AとBをそれぞれ連結する．もしAとBが相互作用すれば，2つのルシフェラーゼドメインが近接する．その結果，ルシフェラーゼのドメインはあたかも全長のルシフェラーゼのように酵素活性を回復し，基質存在下で発光が観察される．すなわち，タンパク質間相互作用が起きたときにのみ，発光シグナルが得られる．発光シグナルの強度は調べたいタンパク質間相互作用の量に比例する．このルシフェラーゼ再構成法は，ホタル由来のルシフェラーゼのみならず，現在

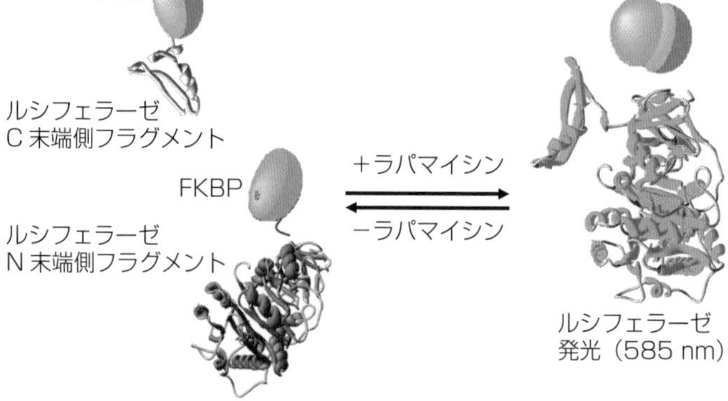

図 4.6 二分割ルシフェラーゼの再構成法

はさまざまなD-ルシフェリンを基質とするルシフェラーゼや，*Renilla* ルシフェラーゼ，NanoLucなど，多くのルシフェラーゼに応用されている．ルシフェラーゼの種類により基質の種類と発光波長・強度が異なるので，研究の目的に応じて選択することができる．利用にあたって注意したい点は，分割したルシフェラーゼは構造的に不安定であるため，連結するタンパク質の種類によって，ルシフェラーゼが期待どおりに再構成されない可能性がある．また，ルシフェラーゼの2つのフラグメントは物理的に近接しなくてはならず，巨大なタンパク質間の相互作用を観察するには適応が難しい場合がある．このようなときは，目的のタンパク質とルシフェラーゼフラグメントをつなぐペプチドの長さを変えることで対応できる場合もあるが，タンパク質の種類に依存する要素が大きい．

基質改変プローブでは，プロテアーゼの発光検出原理について解説したが，ルシフェラーゼ改変プローブでもプロテアーゼ活性を検出することができる．ここでは，プロテアーゼの一つであるカスパーゼの検出原理について解説しよう（**図 4.7**）．カスパーゼ3は，タンパク質中の連続する4アミノ酸（-Asp-

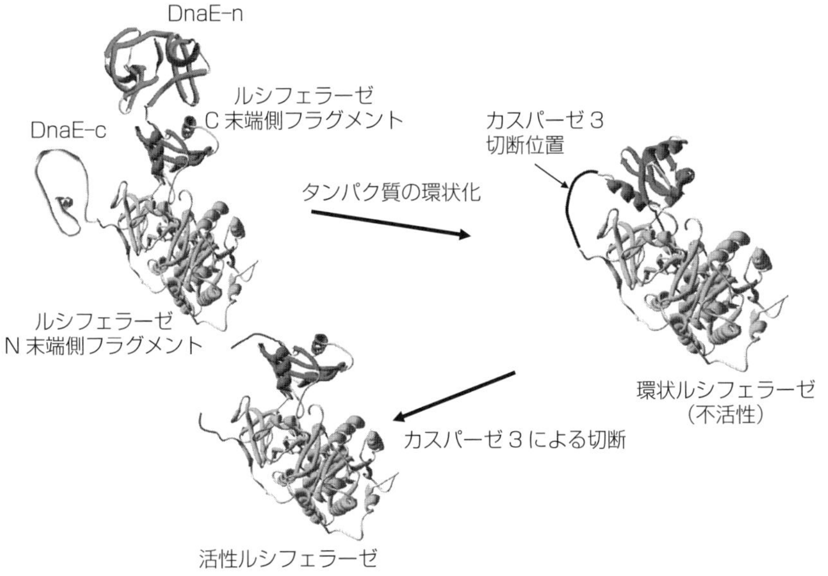

図 4.7　**カスパーゼ活性を検出する環状ルシフェラーゼ発光プローブ**

Glu-Val-Asp-）を認識して，そのペプチド結合を切断する．カスパーゼ活性を検出するプローブは，ルシフェラーゼ全長のN末端とC末端をカスパーゼが認識する4アミノ酸を用いて連結する．すなわち，ルシフェラーゼの1次構造は環状となっている．この両末端の連結には，プロテインスプライシング反応を利用する．プロテインスプライシングの詳細については割愛するが，インテインとよばれるスプライシングを起こすタンパク質をルシフェラーゼの両末端に連結すると，インテインどうしが自発的に相互作用して両末端をペプチド結合で組み継ぎ，インテインは切断されて切り離される．すなわち，ルシフェラーゼの両末端にインテインを連結するだけで，環状のルシフェラーゼが自発的に形成される．ルシフェラーゼの両末端は距離が離れているため，この環状ルシフェラーゼは構造にひずみがある．その結果，ルシフェラーゼ活性は大きく失われ発光能がない．しかし，カスパーゼ3が活性化すると，ルシフェラーゼに挿入した4アミノ酸（-Asp-Glu-Val-Asp-）が切断され，ルシフェラーゼはもとの活性な構造に戻る．したがって，基質存在下では発光が観察されることになる．環状ルシフェラーゼは不可逆な反応であるが，タンパク質の構造変化は瞬時に起こるので，カスパーゼ活性をリアルタイムで検出することができる．また，基質改変プローブと異なり，わずかなカスパーゼ活性で活性能を有するルシフェラーゼが形成されるため，高感度な分析が可能である．

第3章の蛍光プローブで紹介したカルシウムイオン（Ca^{2+}）イメージングのためのFRETプローブは，Ca^{2+}結合タンパク質の構造変化を利用したが，同様のBRET（bioluminescence resonance energy transfer）原理を用いて発光プローブが開発されている（**図4.8**）．発光プローブは，Ca^{2+}結合タンパク質（CaM-M13）の両末端に，2分割した*Renilla*ルシフェラーゼ（RLuc），そしてさらに蛍光タンパク質が連結されている．Ca^{2+}非存在下では2分割したルシフェラーゼは不活性であるため，発光は観察されない．一方，Ca^{2+}結合タンパク質がCa^{2+}を結合すると，2分割した*Renilla*ルシフェラーゼが再構成して発光能を回復する．さらにこのプローブは蛍光タンパク質が連結されており，*Renilla*ルシフェラーゼの励起エネルギーは蛍光タンパク質にエネルギー移動して蛍光タンパク質からの発光が観察される．このような分子内のエネルギー移動を利用すると，ルシフェラーゼ発光を直接観察するより，より強い発

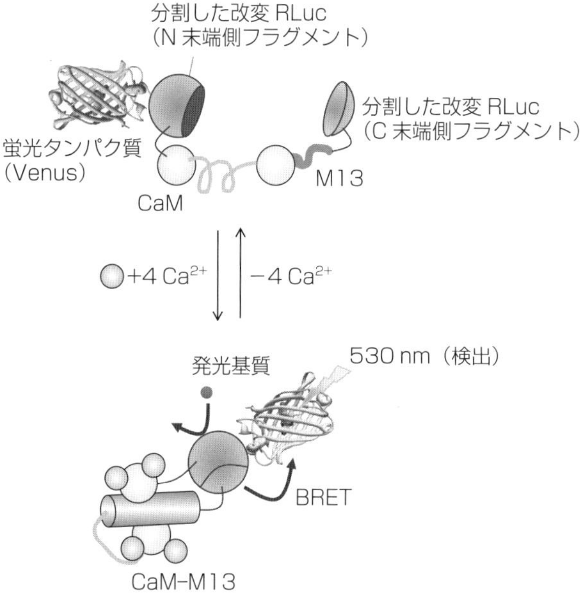

図 4.8　BRET を利用するカルシウム発光プローブ

光が得られる場合がある．Ca^{2+} のルシフェラーゼ発光を利用するプローブは，外部からの光を遮断した実験環境，たとえば生体の体内時計の研究やオプトジェネティクスを利用した解析などで，これから大きな注目を集めるツールとなることであろう．

4.3 発光イメージング法

発光イメージングは，蛍光イメージングと同様にシグナルの可視化，遺伝子機能の経時変化の検出，がん細胞の検出など単一細胞レベルから組織や動物を用いたイメージングまで行われている．いずれも，前記した発光プローブを用いることで検出可能であるが，動物を用いたイメージングでは光の組織透過性に注意しなくてはならない．すなわち，可視領域の光は組織透過性が低く皮下における発光以外は検出することが難しい．一方，赤外領域の光を発光するルシフェラーゼは組織透過性が高く，励起光を必要としないことから皮下深部を対象とした動物実験に用いることができる．蛍光イメージングとの違いは，励起光を用いずに，化学反応を発光として検出することから，励起光の光学系が必要ないことである．また，蛍光は励起光強度に依存した発光が得られるが，発光は基質濃度に依存した発光を観察することになる．その発光量を比較すると，発光は蛍光に比べてはるかに弱い．したがってイメージングには高感度なカメラや光学系が必要となる．以下に，細胞イメージングと動植物個体のイメージングのシステムについて解説する．

4.4 細胞観察用顕微鏡

細胞の発光イメージングは，3.3節で紹介した蛍光イメージング法を代用して細胞からの発光を検出することが可能である．正立型顕微鏡と倒立型顕微鏡のどちらも用いることが可能であるが，正立型顕微鏡の場合は水浸対物レンズが必要となる．細胞からの発光は対物レンズを通して，必要であれば波長選別フィルターを通した後，CCDカメラで直接画像を取得する．発光シグナルだけでは細胞の形態や焦点面などを判断することが難しい．そこで，発光画像とともに，透過光画像あるいは蛍光画像の取得が必要になる．そのための光学系は通常の顕微鏡と同様であるが，注意すべきはその光の発光画像取得時の漏れ込みである．発光画像を取得するときは，透過光あるいは蛍光の光学系を完全にoffにする必要がある．この切替えを完璧に行わないと，発光画像に迷光が乗ってしまうため発光の検出感度が極端に落ちる．また迷光を極力少なくするため，対物レンズの直下にCCDカメラを置くことも可能である．すなわち顕微鏡筐体の真下にカメラを設置して，ミラーによる光の反射やフィルターによる光のロスなく直接発光を取り込む．このような細胞レベルの発光イメージング装置は，オリンパス(株)からLVシリーズとして販売されていたが，顕微鏡を改良することで容易に自作することができる．微弱な発光を検出するにはさらに，顕微鏡そのものを完全な暗箱に囲い込むことに加え，カメラの露光時間を長くしなくてはならない．このとき注意すべきは宇宙線によるノイズである．宇宙線はコンクリートなども通過してカメラヘッドを通過する．そのとき，強い電気ノイズが発生するため，画像に強い輝点が現れる．この輝点は発光強度のダイナミックレンジに影響するため，取り除く必要がある．そのためには，顕微鏡全体を厚い鉛で覆うことで解決できるが，現実的ではない．そこで，データ取得後の画像処理でこうした輝点ノイズを除くことができる．なお，発光顕微鏡は励起光を使わないため，蛍光顕微鏡のような特定の断層画像を取得することはできない．焦点面以外からの発光も画像に含まれる．高い開口数（NA）の対物レンズを使うと，多くの光をカメラで拾うことができるため，露光時間の短縮となり有効である．

4.5 動植物個体観察用装置

動植物個体のイメージングは，マウスやシロイヌナズナなどさまざまな生物種に応用されている．動物の組織深部からの発光をミラーなどを用いずに凸レンズで直接CCDカメラヘッドに結像させて画像を取得する．空間解像度はきわめて低いものの，発光の利点である広いダイナミックレンジを利用して，観察試料の特定の位置からの発光を定量的に検出できることに大きな優位性がある．マウスなどの試料を用いる場合には，その全体像の画像を取得する必要がある．そのために，細胞の発光イメージングと同様に，照明光による試料全体の画像を取得後，発光画像を取得して，画像を重ね合わせる．光学系はきわめてシンプルである一方，微弱な発光を捉えるには１分程度の長時間の露光時間が必要となる場合が多い．また，長時間露光するためには，試料が固定されていなくてはならず，動物の場合は麻酔をかけて実験する必要がある．なお露光時間は，ルシフェラーゼの発光輝度，発光波長，そして組織内での発現量に大きく依存する．最近では，ルシフェラーゼがさまざま改変され，ホタルルシフェラーゼよりはるかに明るいルシフェラーゼが人工的に開発されている．この類のルシフェラーゼを用いれば，秒オーダーの露光時間でもマウス個体内のイベントが検出できるようになってきている．数秒の露光時間であれば動物に麻酔をかける必要はなく，行動するマウスの発光イメージングが可能である．

発光イメージングは特定の遺伝子や分子機能を可視化することができるが，既存のＸ線CTや小動物用のPET装置と融合した装置も市販されており，医学分野での応用範囲が広がっている．発光の定量性と長波長発光の長所を利用したイメージングの応用が，今後ますます広がっていくであろう．

Chapter 5

ラマンイメージング

ラマンイメージングは，細胞や動物組織からのラマン散乱光を，顕微鏡下で直接観察する技術である．ラマン散乱は 1928 年に発見され分光法として確立しているが，ラマンイメージングの技術開発はまだ黎明期にあり，近年飛躍的に進歩しつつあるイメージングの一つである．本章では，ラマンイメージングとは何か，その基本原理と蛍光・発光イメージングとの違いについて概説する．

5.1 ラマンイメージングとは

ラマン散乱の基本原理については第1章で解説したが，ラマン散乱光は蛍光に比べて微弱であり，その検出は容易ではない．それにもかかわらず，ラマン散乱を利用したイメージング技術が近年注目されるのにはいくつかの理由がある．その一つは，ラマン散乱光のスペクトルは「分子指紋」ともよばれるように，そのスペクトル情報に分子構造に由来する分子固有の情報が含まれているためである（**図5.1**）．すなわち，複雑な生体分子でも，指紋情報から分子を特定できる可能性がある．2つめは，スペクトル強度は分子の濃度に依存することである．すなわち，特定波長の散乱強度から濃度に関する情報を取得することができる．3つめは，従来の蛍光分子プローブでは測定が容易ではない，脂質や代謝産物に関する情報を細胞から取得できる点にある．このような低分子化合物に対する蛍光プローブ作製は容易ではないが，ラベル化を必要としないラマン散乱は，これらの分子を直接検出できる利点がある．とはいえ峡雑な

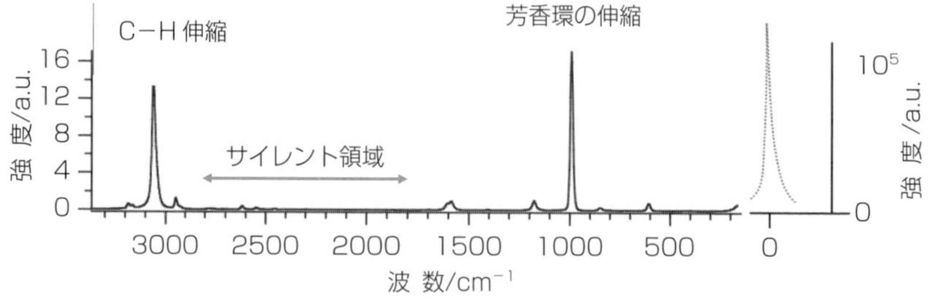

図5.1 ベンゼンのラマンスペクトル

・ピーク位置：分子の構造に関する情報
・スペクトルパターン：分子の同定
・ピーク強度：分子の定量

細胞環境中で，調べたい分子を選択的かつ高感度にラマン散乱で測定することは，今もって難しいことに変わりはない．そこで近年台頭したのが，蛍光プローブと同様にラマンプローブを利用する方法である．生細胞イメージングでは今後重要な技術となるため，以下ではラマンプローブについて紹介しよう．

5.2 ラマンプローブ

天然に存在する化合物でも，ラマン散乱特異的に観測される分子がいくつかある．たとえば，シトクロム *c* や脂質は，DNA やタンパク質に由来する波長シフトとは異なる特徴的なスペクトルを示す．そこで特定のスペクトル波長を利用して，これらの生体分子を標識せずにイメージングすることが可能である．一方，さまざまな細胞内代謝産物は，わずかな分子構造の変化を識別せねばならず，その検出は容易ではない．そこで，細胞内の低分子化合物を標識（ラマンタグという）してラマン散乱で検出するアイデアが生まれた．代表的なラマンタグの一つにアルキンタグがある（**図 5.2**）．アルキンは水溶液中で比較的安定であり，また $-C\equiv CH$ であることから分子量は蛍光プローブに比べて非常に小さい．さらに重要なことは，生体分子による強いピークが観測されないサイレント領域（1800〜2800 cm^{-1}）にピークを示す（図 5.1）．そのため，バックグラウンドに埋もれることなく，アルキンの振動スペクトルをラマン散乱で観測することができる．さらに，アルキンを複数連結することで，ラマン散乱のピーク位置は低波数側にシフトする．すなわち，異なる蛍光色を示すプローブで多色蛍光イメージングが可能なように，ラマンプローブも異なるアルキン構造体を利用することで，異なる生体分子の情報を同時に取得することが可能になる．さらに振動スペクトルは炭素同位体を用いると，同位体質量に対応したスペクトルシフトを示す．すなわち，同じアルキン構造でも同位体

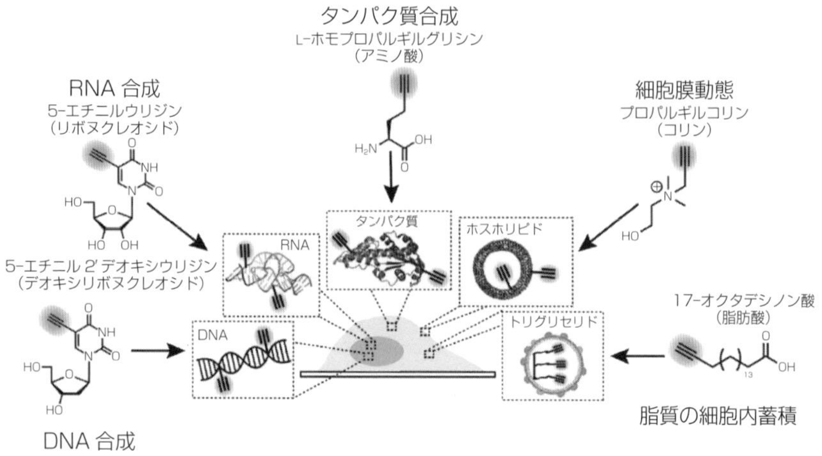

図 5.2　アルキンタグ（—≡）を導入したラマンプローブ

【出典】L., Wei, *et al.*, *Nat. Meth.*, **11**, 410–412 (2014).

を用いることで，スペクトルを分離することができる．このように，ラマンプローブは低分子量でありながら，アルキン構造体と同位体効果を利用することで，多次元情報を取得することが可能である．

5.3 ラマンイメージング法

細胞内の生体分子をラマン散乱光で観察するためには，蛍光顕微鏡と同様に励起光を対物レンズを通して試料に照射し，試料からのラマン散乱を対物レンズで集光して画像化すればよい（**図 5.3**）．このようなイメージング法を自発ラマン顕微鏡とよんでいる．シトクロム c に代表されるような特定の波数シフトが観測可能な分子については，自発ラマンでのイメージングが可能である．

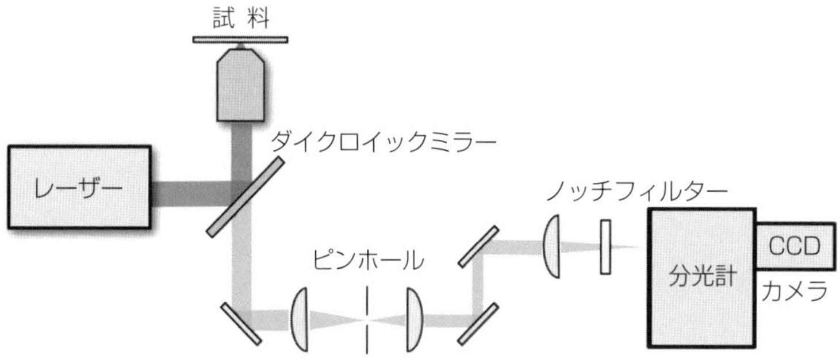

図 5.3　ラマン顕微鏡の光学系

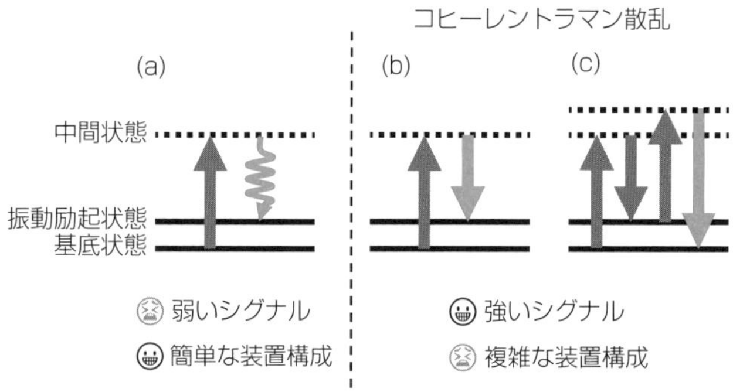

図 5.4　ラマン顕微鏡に用いられるラマン散乱

(a) 自発ラマン散乱，(b) SRS，(c) CARS.

しかし，多くの分子は測定感度面で十分とは言い難い．そこで，感度改善のためのいくつかの方法がイメージングに用いられている．ここでは，誘導ラマン散乱（stimulated Raman scattering：SRS）とコヒーレントアンチストークスラマン散乱（coherent anti-Stokes Raman scattering：CARS）について紹介しよう（**図 5.4**）.

5.3.1 SRS イメージング

誘導ラマン散乱は，試料に2色の強いレーザー光（ポンプ光とより低い周波数をもつストークス光）を同時に入射し，これらの周波数差が分子の固有振動のラマンシフトと一致した場合，ポンプ光のエネルギーの一部がストークス光に移動する現象である．SRS イメージングではストークス光の増加分，あるいはポンプ光の減少分いずれかを計測する．ストークス光を照射しない通常の自発ラマン散乱に比べて，ストークス光の強度に依存して誘導（強制）的にラマン散乱確率を高めることができる．したがって，高光強度を実現できるパルスレーザー光を用いると，はるかに信号強度が強くなる．

5.3.2 CARS イメージング

コヒーレントアンチストークスラマン散乱でも同様に，試料に２色のパルス光（ポンプ光とストークス光）を入射する．ポンプ光とストークス光の周波数差が分子の固有振動のラマンシフトと一致した場合，SRS 過程のほかに，光電場と分子振動の干渉による新たな周波数をもつ電磁波がポンプ光よりも高周波数側（アンチストークス側）に発生する．CARS イメージングではこの新たな周波数で発生した光を計測する．SRS と同様に，ストークス光強度に依存してラマン散乱確率を高めることができるため，その分だけ高感度な検出が可能となる．SRS も CARS も自発ラマン散乱に比べて感度の向上が見込める一方，測定システムの構築は複雑となり，高価なセットアップが要求される．必要に見合ったシステム構築が重要となる．

5.4 ラマンイメージングシステム

次に顕微鏡のシステムと検出系について解説しよう．最も汎用されている技術は，共焦点光学系を利用したラマンイメージングである．このイメージング技術は，共焦点レーザー走査型蛍光顕微鏡と基本的なシステムは同じである．すなわち，試料の特定の点からの散乱光をピンホールを設けることで集光し，空間的に1点からの散乱光のみを検出する光学系である．特定波数のラマン散乱光を取得するならば，フォトマルチプライヤーで検出できるが，ラマン散乱スペクトルを取得するならば，検出器の手前に分光器を置いて，2次元の検出器により各波数の散乱光強度を取得する．3次元画像を構築するためには，試料ステージを3次元走査して散乱光を取得するか，ガルバノミラーなどを用いて焦点位置を走査させ試料上の各点からの散乱光を取得する方法がある．

もう一つラマンイメージングで特徴的な画像取得法は，ライン照明を利用したイメージング技術である（**図 5.5**）．ライン照明法では，試料に励起光を線状に照射して2次元情報を取得する．そして，線状に当てた試料の位置情報を x 軸に，各点の散乱光を分光した波数依存的な光強度を y 軸にカメラで検出することにより，試料にライン照射したスペクトル情報を得る．このライン照明を一方向にスキャンすることで，平面の画像とスペクトル情報を得ることができる．共焦点光学系に比べて高速にスペクトル情報を含んだイメージング画像を取得することが可能であり，光照射による試料へのダメージも抑えることができるという利点がある．一方，ライン照明であるため，深度に関する情報は得ることができない．どのような顕微鏡システムを利用するかは，観察目的に

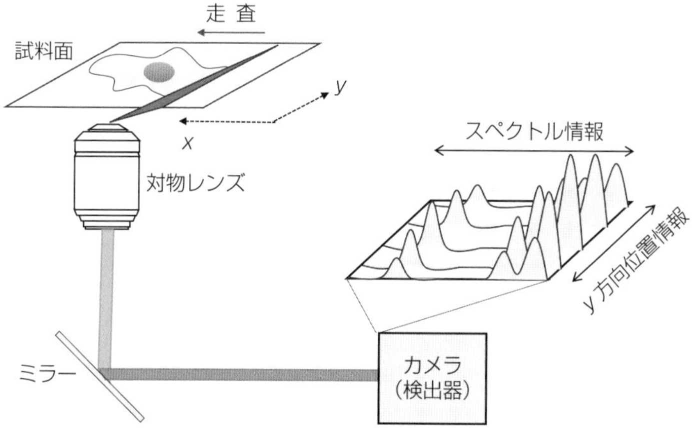

図 5.5　ラインスキャン型ラマン顕微鏡の原理

依存する．

5.5 ラマンイメージングの実践

ラマンイメージングを実際に行う際に，はじめに考えるべきことは励起波長の選択である．ラマン顕微鏡装置が複数の励起波長を備えている場合，試料の光吸収の有無，妨害となるバックグラウンド蛍光の有無などから適切な波長を選択する．一般的には短波長励起のほうが信号強度は強いが，バックグラウンド蛍光の妨害の可能性も高まる．次に，測定光強度や露光時間，イメージング画素数などを設定する．ラマン信号は微弱なため，蛍光イメージングと比べて

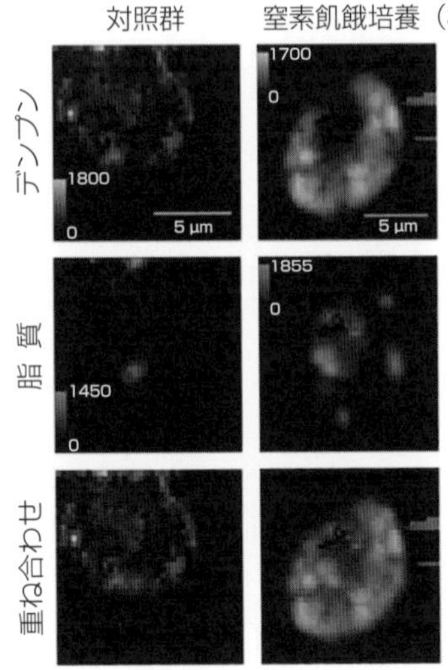

図 5.6 単一緑藻から取得したラマンイメージ

【出典】Chiu, *et al.*, *Biotechnol. Biofuels*, **10**, 9（2017）を改変.
カラー図は口絵 8 参照.

何桁も強い励起光照射と長時間の測定が必要になる．試料への光ダメージや試料の時間安定性が問題となる場合は，たとえば，イメージング画素数を抑制したり露光時間を短くしたりすることで全体の測定時間を短縮するなどの調整が有効である．SRS 顕微鏡など特定単一波数のラマン散乱光を取得する装置の場合は，ラマン画像が直接測定結果として得られる．一方，各画素でスペクトルを測定する一般的な自発ラマン顕微鏡においては，測定した 2 次元空間上の各点について数百～2000 データ点程度のスペクトル情報を有する 3 次元データ（ハイパースペクトルデータとよばれる）が得られる．このため，ハイパースペクトルデータから観察目的に応じたラマン信号情報をデータ解析により抽出し，ラマン画像の再構成を行う必要がある．このような解析は，市販装置に付属している多くのソフトウェアでも簡易的に行うことができるが，より詳細あるいは精密な解析を行うためにはスペクトル解析や統計解析が可能な専用ソフトウェアを用いる．スペクトルから複数の分子由来のピークが個別に同定できる場合，1 回の測定結果からそれらを個別にラマン画像として表示することが可能である（**図 5.6**）．

Chapter 6
イメージングの未来展望

バイオイメージング技術が生命科学研究に欠かせない技術となり，その技術は目覚ましい発展を遂げてきた．しかし，本書で紹介したイメージング技術は，「観える」生体分子を観察する技術であり「観たい」生体分子が必ずしも観察できるわけではない．新たな技術革新に向けて，どのようなイメージングの未来が展望できるかを本章で紹介する．

6.1 イメージング材料

これまで細胞や動植物組織内ではたらく特定の分子を可視化するためのプローブと，それを観察するためのさまざまな顕微鏡について紹介してきた．現在もこのようなプローブと顕微鏡の開発は精力的に進められており，その成果は加速度的に増加している．しかし生命科学研究が進むにつれて，さらに観たい対象が増えてきており，イメージングのさらなる技術革新に大きな期待が寄せられている．そこで基礎生命科学研究や医学や農学などさまざまな分野からのニーズに応えるために，新たなイメージングに資するコンセプトが生まれている．たとえば，細胞内のナノメートルスケールを観察するために，超解像蛍光顕微鏡が協力なツールとなることは第3章で説明したとおりである．しかし，用いられる蛍光分子に限りがあり，またファインチューニングされたレーザーシステムが必要となる．そこで，高分子化学の技術を使って，細胞全体を均等に膨潤させて，すなわち試料そのものを拡大して観察する試みが提案されている．

一方，組織や動物全体の構造を観察しつつ，興味ある分子をマイクロメートルのスケールで観察したいこともあるだろう．X線やMRIと発光イメージングを組み合わせたモダリティーイメージング技術も盛んに開発されている．一方，組織そのものを透明化して，蛍光で組織をまるごと観察する技術が，とくに脳神経の研究において盛んに用いられている．動物組織を固定して，蛍光観察の障害となる血液，脂質，色素などを化学処理によって取り除く．こうすることで，観察したい分子を組織全体の中で観察することが可能になった．最近はマウスをまるごと透明化したり，植物や昆虫などさまざまな生物種の透明化技術が開発されている．脂質などを残したままの透明化技術も期待されており，近い将来実現するであろう．

ナノ材料にも新たな興味深いシーズが開発されている．その一つがアップコンバージョン粒子である．アップコンバージョン粒子は，近赤外光の光を吸収して，その半波長の光を放出する非線形光学現象を示す．近赤外光は前記したように，動物への組織透過性が高い．したがって，アップコンバージョンと蛍光分子をうまく組み合わせることで，これまでの励起光による光毒性や組織透過性の問題が解決する可能性を秘めている．

ナノダイヤモンドも興味ある材料の一つである．ナノスケールのダイヤモンド中に存在する欠陥を利用して，その蛍光を測定することで温度などを測定することができる．光の量子性を巧みに利用したイメージング技術であるが，その表面修飾や標的分子へのラベル化などが現在の課題として挙げられる．こうした課題を一つずつ解決することで，近い将来に新たなイメージングツールとしてその地位を獲得することであろう．

6.2 プローブ開発

新しい蛍光材料などが開発されると，それをどのように応用するかというプローブのデザインが必要になる．蛍光共鳴エネルギー移動やスペクトル変化に基づくイメージング技術など，既存のコンセプトで応用を展開することも可能かもしれないが，ナノダイヤモンドのようなまったく新たな材料に対しては，どのようにプローブとして活用するか，検出やラベル化の方法などの検討が必要になる．その意味では，実際の応用まで時間と労力が必要となるが，新たな生命現象の発見や新規な診断技術に展開できる可能性があり興味深い．

一方，生命科学研究や診断からのニーズはさまざまであるが，その要求をプローブ開発が満たしているとは言い難い．その大きな原因は，プローブの理論に基づく戦略的な設計がいまだ困難なことが挙げられる．とくにタンパク質プローブは，タンパク質の構造解析が進んでいるものの，そのデータからどのようにプローブを開発するかについては，まだまだ経験に依存する要素が大きい．有機小分子プローブは，分子設計は計算科学の発展により理論的なデザインが可能になりつつあるが，その標的となるタンパク質や生体分子との相互作用において，まだまだ難しい課題を残している．とくに夾雑な環境にある細胞内において，妨害を受けずに望みの反応を期待することは容易ではない．しかし，プローブは分子の特異性や検出感度を決定する重要なツールであるため，今後のさらなる精力的な開発が期待される．

6.3 観察法

光学の基本原理は不変であるが，新たなレーザーや検出原理が誕生している．多くの蛍光顕微鏡の光学系は，励起光と観察光（蛍光）が同じ対物レンズを通過するが，DLSM では励起光と観察光が独立している点が新しいことを述べた．同様に，一分子観察のための全反射蛍光顕微鏡でも，励起光と観察光を独立させた新たな光学系が開発されている．この光学系では，従来はカバーガラス近傍の蛍光分子しか励起できなかったが，細胞深部の蛍光分子を励起することが可能となり，一分子イメージングの拡張に大きな期待が寄せられている．小さなアイデアでも，精度，感度，深部情報，モダリティー，汎用性などにおいて優位性が認められれば，生命科学研究に大きく役立つことであろう．

6.4 新たなイメージング技術

生体試料の空間的情報を取得する技術として，近年は生体質量分析装置（biological mass spectrometry：BMS）も大きな注目を集めている．質量分析装置の感度が大きく向上するに従い，ごく微量な試料の検出が可能になってきた．また，生体試料から直接質量分析装置に導入するためのイオン化技術が向上した結果，動物組織の質量分析イメージングが可能になっている．対象とする生体分子は，イオン，タンパク質，代謝産物などがあるが，とくに蛍光などのイメージングで困難な脂質や代謝産物に大きな期待が寄せられている．また，薬物動態を検出する目的でもBMSは応用が始まっており，どの組織にどのような代謝された薬物が蓄積しているかを，BMSにより判断することが可能である．BMSの大きな利点は，未知の分子やイオンの解析が質量分析により解析できる点であり，蛍光・発光イメージングに対して大きな優位性がある．一方BMSは，生きた試料の時間変化を追跡することはできないこと，また空間解像度は数μmであり，光学顕微鏡の解像度には及ばないことは今後の課題となっている．

このようにさまざまなシーズが新たに誕生すると，そのシーズをもととして，これまで解決できなかった生命科学研究のニーズを満たすイメージング技術が開発されている．イメージングに用いられる新たな分子や材料の開発と，それをベースにしたプローブ分子の開発，さらに新たな光学原理を利用した観察法が，三位一体となって協同的に開発が展開することで，生体イメージングの更なる飛躍が期待できるであろう．

索　引

【数字】

2 次元画像 ……59
3 次元画像 ……59

【欧字】

Alexa 488……56
AS : aperture stop ……31
Berson, Solomon ……3
BMS : biological mass spectrometry……109
BRET : bioluminescence resonance energy transfer ……90
CARS : coherent anti-Stokes Raman scattering……99
CCD（charge-coupled device）カメラ ……31, 33
CFP ……49
CMOS : complementary metal oxide semiconductor ……33
DF : dark field……35
DIC : differentia interference contrast ……36
DSLM : digital scanning light-sheet microscope ……66
FCS : fluorescence correlation spectroscopy ……68
FLIM : fluorescence lifetime imaging microscopy ……51
fMRI : functional Magnetic Resonance Imaging ……5
FRET……50, 90
FS : field stop ……31
GFP : green fluorescent protein ……42
GFP 再構成法 ……52
Hoffmann……37
Hooke, Robert ……3
Lambert-Beer law……11
LED ……54
LSFM : light sheet fluorescence microscopy ……66
M : magnitude……29
MRI ……106
NA : numerical aperture ……25
NanoLuc ……89
Nomarski……36
PA-GFP : photo-activatable GFP……45, 72
PALM : photo-activated localization microscopy ……72
PC : phase contrast ……35
PET : Positron Emission Tomography ……5
PH : phase contrast ……35
quantum yield……11
relief contrast ……37
Renilla ルシフェラーゼ……89
resolving power ……23
Snell's law ……17
SPIM : selective plane illumination microscope ……66
SRS : stimulated Raman scattering……99
SRS イメージング ……99
STED : stimulated emission depletion microscopy ……73
Stokes shift ……10
STORM : stochastic optical reconstruction microscopy ……73
Wollaston プリズム ……36
working distance……29, 67
X 線 ……106
X 線結晶構造解析 ……3, 88
Yalow, Rosalyn……3
YFP ……49
Zernike……35
Zsigmondy ……35

【あ】

アップコンバージョン粒子 …………107
アバランシェフォトダイオード …………68
暗視野観察法 …………35
アンチストークス散乱 …………13
暗電流 …………32
位相差 …………36
位相差観察法 …………35
位相板 …………35
一分子イメージング …………108
色収差 …………27
インテイン …………90
ウォラストンプリズム …………36
宇宙線 …………93
エバネッセント光 …………64
黄色蛍光タンパク質 …………49
凹レンズ …………19, 28
オキシルシフェリン …………82
オートサンプルインジェクタ …………76, 78
オートフォーカス …………78
オルガネラ …………7, 47

【か】

開口角 …………25
開口絞り …………30, 31, 55
開口数 …………25, 29
回折 …………18
回折限界 …………72
回折格子 …………18
解像度 …………64
回転エネルギー…………8
拡散時間 …………68
拡散速度 …………69
拡大像 …………20
確率的光学再構築顕微鏡法 …………73
可視化技術…………2
可視光吸収特性…………7
画素数…………31, 102
カバーガラス …………29
カラー画像 …………33
ガラス厚 …………29
ガルバノミラー …………59, 101
干渉 …………18
環状ルシフェラーゼ …………89
基質改変プローブ …………86
キセノンランプ…………39, 54, 55
輝線 …………54
基底状態 …………8, 82
輝度 …………45
機能的磁気共鳴画像法…………5
球面収差 …………27
共焦点光学系 …………59
共焦点レーザー走査型蛍光顕微鏡 …………59
鏡筒長 …………29
強度可変型蛍光プローブ …………49
近赤外光 …………61, 63
近赤外領域 …………8, 45
空間解像度 …………32, 37
屈折 …………17
屈折率 …………25, 34
蛍光…………8
蛍光画像 …………92
蛍光共鳴エネルギー移動 …………50
蛍光極大波長…………9
蛍光顕微鏡 …………6, 54
蛍光スペクトル …………9, 43
蛍光相関分光法 …………68
蛍光団 …………44, 48
蛍光タンパク質 …………42
蛍光タンパク質プローブ …………49
蛍光フィルター …………56
蛍光分子 …………7, 42
蛍光ミラーユニット …………56
ケーラー照明 …………30
検出感度 …………38
検出器 …………31
減熱フィルター …………55
顕微鏡の倍率 …………21
光学顕微鏡 …………5, 6

光学原理 …… 16
光学筒長 …… 20
光学部品 …… 22
項間交差 …… 9, 11
酵素改変プローブ …… 88
光電子増倍管 …… 68
コヒーレントアンチストークスラマン散乱 …… 99
コントラスト …… 7, 24, 31, 34, 77

【さ】

再構成法 …… 88
サイレント領域 …… 97
作動距離 …… 29, 67
シアン蛍光タンパク質 …… 49
自家蛍光 …… 58
時間間隔 …… 70
時間スケール …… 75
時間分解能 …… 4, 37, 75
磁気共鳴 …… 5
自己相関関数 …… 70
質量分析 …… 109
磁場 …… 16
自発ラマン …… 98
シプリディナルシフェリン …… 83, 84
視野絞り …… 30, 31, 55
視野数 …… 29
集光効率 …… 62
集光レンズ …… 30
収差 …… 27
取得時間 …… 32
寿命 …… 51
焦点 …… 18
焦点位置 …… 29, 78
焦点距離 …… 19
焦点面 …… 59
照明系 …… 30
ショットノイズ …… 32
シリンドリカルレンズ …… 66
浸液 …… 29
深度 …… 59
振動エネルギー …… 8
振動スペクトル …… 97
振動モード …… 13
振幅 …… 18
水銀ランプ …… 39, 54, 55
ステージインキュベータ …… 76
ストークス光 …… 100
ストークス散乱 …… 13
ストークスシフト …… 9, 10, 45
スネルの法則 …… 17, 65
スライドガラス …… 29
生体質量分析装置 …… 109
生体分子イメージング …… 6
正立型顕微鏡 …… 21
赤外線吸収 …… 13
接眼レンズ …… 21
セレンテラジン …… 83, 84
全反射 …… 65
全反射蛍光顕微鏡 …… 54, 64
像面湾曲収差 …… 27
素子 …… 31
組織透過性 …… 7, 63

【た】

ダイクロイックミラー …… 55, 56
褪色 …… 46, 63
ダイナミックレンジ …… 38
ダイノード …… 33
対物レンズ …… 19, 21
弾性散乱 …… 12
中間状態 …… 13
中間像 …… 23
中心位置 …… 73
超解像蛍光顕微鏡 …… 43, 54
直線偏光 …… 36
定在波 …… 65
デジタルカメラ …… 31
デジタル信号 …… 31
データ量 …… 39

電気的ノイズ……39
電子軌道エネルギー……8
電子顕微鏡……3
電子遷移……86
電磁波……8, 16
電場……16
同位体効果……98
透過型顕微鏡……21
透過光画像……92
透過率……57
統計解析……77
投光管……54
透明化技術……106
倒立型顕微鏡……21
凸レンズ……19, 28

【な】

内部転換……8
波……16, 18
二光子吸収……61, 62
二光子励起蛍光顕微鏡……61
二相分配……48
ニポウディスク……60
入射光……12
ノイズ……32, 39, 82

【は】

バイオイメージング……2
背景光……64
配向ファクター……50
ハイパースペクトルデータ……103
倍率……29
白色光源……55
波長可変型蛍光プローブ……49
バックグラウンド……39
発光……8
発光画像……92
発光基質……82
発光効率……86
発光色……82
発光波長……45
発光プローブ……86
発光メカニズム……82
パルスレーザー……100
ハロゲンランプ……54
反射……17
反射型顕微鏡……21
バンドパスフィルター……56
光安定性……45
光活性化局在性顕微鏡法……72
光吸収スペクトル……43
光シート型蛍光顕微鏡……66
光ノイズ……39
光のエネルギー……16
光の屈折……17
光の周期……7
光の速度……7
光反応……53
ピクセル……37
非線形光学現象……61, 74
非弾性散乱……12
ヒートインキュベータ……78
ビニング……38
微分干渉プリズム……36
微分干渉法……36
ピンホール……59
フィルター……22
フェムト秒超短パルスレーザー……62
フェルスター距離……50
フォトダイオード……31
フォトマルチプライヤー……31
フォトン……32
複式顕微鏡……3
複式レンズ……20
ブラウン運動……68, 69
フリマジン……83, 84
ブリンキング……73
フルオレセイン……8
フレームレイト……75
プロテアーゼ……87

プロテインスプライシング ……………… *90*
分解能 ……………………………………… *23*
分子構造 …………………………………… *96*
分子指紋 …………………………………… *96*
分子認識 ………………………………… *47, 86*
分配平衡 …………………………………… *48*
βシート …………………………………… *43*
偏光板 ……………………………………… *36*
放射線 ……………………………………… *5*
ポジトロン放出（型）断層撮影（法）…… *5*
補正環 ……………………………………… *29*
ポンプ光 ………………………………… *100*

【ま】

マイクロインジェクション ……………… *53*
膜透過性 …………………………………… *53*
マクロ ……………………………………… *39*
マルチピンホール ………………………… *60*
ミラー ……………………………………… *22*
無限遠補正光学系 ………………………… *23*
無放射緩和 ………………………………… *8*
迷光 …………………………………… *39, 82, 92*
明視野照明 ………………………………… *22*
モダリティーイメージング技術 ……… *106*
モノクロ画像 ……………………………… *33*

【や】

ヤブロンスキー図 ………………………… *9*
有機蛍光プローブ ………………………… *47*
有限補正光学系 …………………………… *22*
誘導放出 …………………………………… *74*
誘導放出抑制顕微鏡法 …………………… *73*
誘導ラマン散乱 …………………………… *99*
ゆらぎ ………………………………… *39, 69, 70*
陽電子放出（型）断層撮影（法）………… *5*

【ら】

ライフタイム ……………………………… *51*
ライン照明 ……………………………… *101*
落射照明 …………………………………… *22*
ラマンイメージング …………………… *101*
ラマン散乱（光） …………………… *12, 96*
ラマンシフト ……………………………… *13*
ラマン信号 ……………………………… *102*
ラマンスペクトル ………………………… *12*
ラマンタグ ………………………………… *97*
ラマン分光光度計 ………………………… *12*
ランベルト-ベールの法則 ……………… *11*
リアクティブタグ ………………………… *53*
量子効率 ………………………………… *32, 45*
量子収率 ………………………………… *11, 86*
量子ドット ………………………………… *42*
緑色蛍光タンパク質 ……………………… *42*
リングスリット …………………………… *35*
りん光 ……………………………………… *9*
ルシフェラーゼ …………………………… *82*
ルシフェラーゼ改変プローブ …………… *89*
ルシフェラーゼ再構成法 ………………… *88*
D-ルシフェリン …………………………… *82*
D-ルシフェリン誘導体 …………………… *87*
励起極大波長 ……………………………… *9*
励起光 ……………………………………… *7*
励起三重項状態 …………………………… *9*
励起状態 ………………………………… *8, 82*
励起スペクトル …………………………… *9*
励起フィルター …………………………… *56*
冷却CCDカメラ ………………………… *40*
冷光 ………………………………………… *86*
レイリー散乱 ……………………………… *12*
レーザー …………………………………… *59*
レリーフコントラスト法 ………………… *37*
レンズ ……………………………………… *19*
露光時間 ………………………………… *102*
ロングパスフィルター …………………… *56*

［著者紹介］

小澤　岳昌（おざわ　たけあき）
1998年　東京大学大学院理学系研究科化学専攻博士課程修了
現　在　東京大学大学院理学系研究科化学専攻　教授，博士（理学）
専　門　分析化学

分析化学実技シリーズ
機器分析編 18
バイオイメージング

Experts Series for Analytical Chemistry
Instrumentation Analysis : Vol.18
Bioimaging

2020 年 3 月 15 日 初版 1 刷発行

編　集　（公社）日本分析化学会　©2020

発行者　南條光章

発行所　**共立出版株式会社**
〒112-0006
東京都文京区小日向 4-6-19
電話　03-3947-2511（代表）
振替口座 00110-2-57035
www.kyoritsu-pub.co.jp

印　刷
製　本　藤原印刷

一般社団法人
自然科学書協会
会員

Printed in Japan

検印廃止
NDC 460.75
ISBN 978-4-320-04457-9